Depuis une quinzaine d'années que je m'occupe des intérêts agricoles du centre de la France, et en particulier du Limousin, qui est mon pays, je me suis convaincu qu'une région qui était enclavée dans les terres et éloignée des grands centres de consommation, qu'une région qui était par là, placée dans des conditions fâcheuses d'infériorité relative, était d'avance et inévitablement condamnée à la pauvreté, si le gouvernement et les hommes d'initiative ne venaient à son aide, en développant et en faisant fructifier les ressources naturelles que la providence lui a largement départies.

L'augmentation du nombre des têtes et l'amélioration des races, ces deux termes de la production animale, constituent, dans le centre et surtout en Limousin, la base de tout progrès agricole, de tout bien-être, de toute richesse. Il n'est personne qui ne le sache.

C'est précisément cette connaissance des besoins locaux qui m'avait déterminé, il y a déjà dix ans, à fonder un établissement public de reproduction de types améliorateurs et d'essais comparatifs sur les diverses races. Le conseil général de la Corrèze et le ministre de l'agriculture avaient consacré mon projet par une large subvention ; et une ordonnance royale, rendue sur l'avis du conseil d'État, avait donné au haras formé par moi une existence légale.

La révolution de février est venue briser fatalement cet établissement, au moment même où, par accord commun, une société, composée des propriétaires les plus compétents, substituait son action collective et son influence à l'action trop restreinte d'une industrie individuelle ; et, par suite, les promesses et les engagements écrits du ministre de l'agriculture sont demeurés sans nul effet.

Je songeais à reprendre, au profit du Limousin, les démarches interrompues près du gouvernement par suite des événements politiques, lorsque M. Delaume, propriétaire cultivateur du Bourbonnais, fixé depuis dix ans en Limousin, est arrivé à Paris avec un projet tout formulé qui avait pour but le placement de capitaux sur contrats de cheptels de bestiaux.

M. Delaume est venu me consulter. J'ai trouvé dans le projet qui m'était soumis la réalisation d'une partie de mes propres idées sur le progrès de la production animale, et j'ai compris que c'était un point de départ qui pouvait être fécond pour le pays.

J'ai donc offert à M. Delaume le concours du peu de notoriété et d'expérience que j'ai acquis en pareille matière ; et, aidé de ses notes, j'ai formulé, pour faire appel aux capitalistes et au gouvernement, l'exposé, les statuts et les règlements que je livre au public, tout en réservant à M. Delaume la priorité de l'idée pratique des contrats de cheptels qui lui revient de droit.

En me mettant à la tête d'une organisation encore inédite en France, je n'ai eu qu'un but, celui de faire concourir à cette organisation tous ceux qui, à un titre quelconque, s'occupent des choses agricoles, propriétaires grands, moyens et petits, administrations locales et gouvernement ; celui de donner à une institution de crédit agricole, surgissant en temps opportun, tout le développement qu'elle comporte.

Dans cet ordre d'idées, je n'ai pas cru devoir me séparer de M. Delaume, non pas seulement parce qu'il est le premier auteur de la formule pratique, mais aussi parce qu'il a géré de grandes exploitations, parce qu'il est propriétaire et cultivateur intelligent, et qu'il a, à propos du bétail, une spécialité incontestable.

Comte A. DE TOURDONNET.

SOCIÉTÉ AGRICOLE

DES

CHEPTELS VIVANTS.

—

EXPOSÉ.

—

CHAPITRE PREMIER.

CONSIDÉRATIONS GÉNÉRALES.

Toute science, usuelle et pratique, progresse dans le monde par le seul fait de la succession des siècles et de l'observation raisonnée des faits acquis. C'est la loi commune. Comment se fait-il donc que l'agriculture, cette mère des hommes, cette mamelle inépuisable, d'où découlent goutte à goutte le bien-être et la richesse, soit demeurée si longtemps stationnaire en France, dans un pays essentiellement agricole? Comment se fait-il que, seule peut-être parmi les sciences positives, elle soit restée au-dessous des besoins, et n'ait point accru ses ressources, par la prévoyance et par le travail, proportionnellement à l'accroissement des populations, puisque ses déficits produisent des crises fatales au crédit public et au repos de l'État?

Nous trouvons l'explication de cette anomalie et de cette infériorité relative dans plusieurs ordres d'idées différents.

En remontant au delà de 89, que voyons-nous?

Les grands possesseurs du sol, préoccupés de guerres ou d'ambitions politiques, n'appliquant à l'amélioration des terres et au progrès agricole ni leur intelligence, ni leur crédit.

Les travailleurs du sol livrés à l'ignorance et à la routine, par le défaut d'intérêt direct, par la difficulté des communications, et par l'isolement qui en résulte.

Depuis cette époque, que voyons-nous? La grande propriété qui disparaît; les travailleurs manuels appelés, sur une large échelle, à la possession de ce sol qu'ils fécondaient; le morcellement, encore restreint sur quelques points, devenu peut-être excessif sur quelques autres; des routes, des canaux, des chemins de fer sillonnant le territoire de la France; une infinité de circonstances heureuses, se réunissant pour rehausser l'agriculture et la faire prospérer. Aussi, faut-il le dire, les progrès agricoles ont été plus rapides et plus généralisés depuis trente ans, qu'ils ne l'avaient été pendant les trois siècles qui nous ont précédés.

Mais, malgré ces progrès qu'on ne saurait contester, l'agriculture française est demeurée au-dessous des besoins qu'elle doit satisfaire, par deux raisons principales.

La première, c'est que l'*instruction agricole*, qui dissipe les préjugés, qui repousse la routine, et qui base l'intérêt de chacun sur la satisfaction des besoins de tous, c'est que l'instruction agricole pratique, immédiatement utile, est *lente à se produire* et *difficile à formuler;* c'est qu'elle ne se professe guère, parce qu'elle est changeante comme les sols, comme les climats, comme les débouchés, comme les événements humains; c'est qu'elle est surtout fille de l'expérience et de l'exemple, et que pour l'implanter dans les mœurs d'une nation, il ne faut pas l'imposer, mais lui laisser le temps de s'infiltrer par l'intérêt et par la démonstration des yeux.

La seconde, c'est que le sol est logique, et qu'il ne rend qu'à ceux qui lui prêtent. « Fouillez le sol, retournez-le, fatiguez-le, maltraitez-le, si vous voulez qu'il vous ouvre son sein avec fécondité. » Or, il ne suffit pas pour travailler le sol de la volonté des travailleurs, il lui faut *des instruments de travail*, il lui faut *le capital ou le crédit*, qui vivifient sa volonté. Et précisément, depuis que le morcellement s'est fait, depuis que la population s'est accrue, par une tendance illogique des gouvernements et de l'esprit public, les capitaux ont afflué vers les travaux industriels, qui leur offraient un bénéfice plus immédiat, au détriment de l'agriculture que leur retrait mettait en détresse et en danger.

Voilà les deux causes prédominantes de l'infériorité de l'agriculture française.

Le gouvernement de 48 a cherché à organiser l'*instruction agricole*. Nous n'avons pas à rechercher ici quel sera l'effet de cette organisation. Quel qu'il soit, il sera lent ; et l'instruction, point fondamental aux yeux de tout gouvernement, ne peut soulager et diriger notre agriculture dans le terme présent.

Le gouvernement du 2 décembre a fait un pas plus décisif et plus immédiatement utile. Il vient de doter l'agriculture du *crédit foncier* et de la *représentation officielle*.

Les *chambres consultatives d'agriculture*, si elles sont bien comprises, auront ce résultat, dans un terme plus ou moins éloigné, que les intérêts de chaque département et de chaque localité seront étudiés, connus et déterminés ; que les influences locales et gouvernementales n'auront qu'à consacrer et développer cette définition d'intérêts ; et que l'instruction pratique, qui en sera la conséquence inévitable, tendra à réaliser, dans la mesure la plus large, les produits du sol.

Le crédit foncier est une excellente mesure, c'est un bienfait inappréciable pour l'agriculture ; s'il est universellement appliqué, et avec sincérité, il peut *liquider la propriété en France*. Il ne libérera pas ceux qui doivent hors de toute proportion ; la propriété trop grevée passera en d'autres mains. Tant pis pour celui qui est frappé, tant mieux pour la chose publique ! Mais le propriétaire qui n'a pas de charges trop lourdes trouvera dans le crédit foncier, non seulement les moyens de liquider sa position dans un temps déterminé, mais surtout les moyens de se procurer les instruments de travail et les capitaux qui lui manquent, d'augmenter peu à peu ses revenus, et de pouvoir ainsi remplir les engagements contractés par lui à l'égard de la société qui l'aura crédité.

Mais les difficultés inséparables d'un premier établissement et les lenteurs des résultats appréciables retarderont inévitablement les effets sensibles de ces deux mesures fondamentales, qui ont conquis l'assentiment général des agriculteurs. Il n'est peut-être pas donné à la génération actuelle d'en recueillir les fruits complétement, et, par suite, de les juger avec l'impartialité et la reconnaissance que leur réserve l'histoire de l'économie publique.

Or, la propriété, soit par l'émancipation, fraîche encore, du travailleur, qui n'a pas cinquante années de date, soit par l'accroissement de la population, soit par le désaccord entre des lois vieillies ou mal combinées et des besoins impérieux et sans cesse renaissants, la propriété en est arrivée à *un point de marasme* qui appelle des *remèdes prompts et radicaux;* elle ne peut attendre sans danger pour la société, car il est des besoins qu'aucune loi et qu'aucune espérance ne peut satisfaire, et qui comptent avec les jours et avec les heures.

Il faut donc autre chose à la génération présente que des promesses ; il lui faut autre chose que des actes, bons en eux-mêmes, mais d'une exécution progressive et éloignée : il lui faut *l'accroissement immédiat de ses ressources alimentaires*, et le *crédit immédiatement réalisable qui doit assurer ces ressources.*

Nous ne pouvons, ici, rechercher tous les moyens qui s'offrent de venir, *à l'heure qu'il est*, en secours à l'agriculture, et d'augmenter ses produits. Nous avons un but spécial et déterminé, un *système formulé* de crédit, d'exécution simple et pratique, dans lequel nous devons nous renfermer.

CHAPITRE II.

DU CRÉDIT AGRICOLE.

Le crédit fait à l'agriculture est *immobilier* ou *mobilier*.

Le crédit est immobilier quand il a *pour base le sol*, qu'il s'appuie uniquement sur la valeur réelle ou vénale, ou qu'il prenne simultanément en considération la solvabilité personnelle ou l'honorabilité du possesseur.

Le crédit est mobilier quand il a *pour base le produit mobilisé du sol ou les instruments de travail*, qu'il s'appuie uniquement sur la valeur connue ou probable de ces produits ou instruments, ou qu'il fasse également intervenir la solvabilité personnelle ou l'honorabilité du possesseur.

Le crédit immobilier, garanti par *l'hypothèque*, prend, par les nouveaux décrets du gouvernement, le nom de *crédit foncier*. Il ne porte, d'ailleurs, aucunement atteinte à l'ancien mode de placement hypothécaire, qui est en pleine vigueur.

Le crédit mobilier, garanti par *le nantissement*, prend, dans l'usage, le nom de *crédit agricole*. Il est encore peu usité en France, et ne présente que des applications locales et spéciales pour quelques espèces de produits.

Or, si le crédit foncier est populaire en France parce qu'il emporte avec lui, dans son appellation et dans son fonctionnement progressif, la promesse d'un bienfait et la certitude d'une libération, le crédit agricole, moins connu, moins universellement demandé, n'en mérite pas moins toute la sollicitude du gouvernement, toutes les sympathies des populations rurales.

Le crédit agricole a deux manières de se produire et d'opérer.

Il peut avoir uniquement en vue le placement des produits, et avoir spécialement trait à la *consommation*.

Il peut avoir principalement en vue l'amélioration des conditions de travail ou de quelques industries déterminées, et avoir spécialement trait à la *production*.

Dans le premier cas, le crédit est nanti par le produit fabriqué, prêt à être vendu ou mis en vente, ou vendu sans être livré : c'est le crédit sur *consignation de produits*.

Dans le second cas, le crédit est nanti par le produit sur pied, par le produit en fabrication ou en croissance : nous l'appellerions volontiers le *crédit à la fabrication des produits*.

Ces deux opérations sont fructueuses pour le créditeur, avantageuses, indispensables pour la propriété.

Nous croyons qu'il est du devoir de toute administration qui prend à cœur le progrès agricole, c'est-à-dire l'intérêt et l'avenir de la France, de favoriser et de chercher à développer largement le crédit agricole, le crédit sur consignation comme le crédit à la fabrication.

Nous croyons que tout capitaliste intelligent n'hésitera pas à prêter son concours au crédit agricole, quand l'initiative sera prise par des hommes de conscience et de dévouement.

Le crédit agricole, organisé de façon à se plier, par des rouages différents, aux diverses exigences de l'agriculture, est appelé, selon nous, à sauver et à relever la propriété dans *le temps présent*.

CHAPITRE III.

DE LA PROPRIÉTÉ ET DES PROPRIÉTAIRES DANS LE CENTRE, ET NOTAMMENT DANS LE LIMOUSIN ET LE PÉRIGORD.

Nous avons pour but de nous occuper spécialement du crédit agricole appliqué à la fabrication du bétail, et d'exposer les théories et les rouages que nous voulons appliquer, à l'aide de la société que nous fondons.

Le bétail est la clef de voûte de l'agriculture : sans bétail, point d'engrais pour fertiliser la terre; point de travail, dans la plupart des circonstances, pour la féconder; point d'alimentation substantielle : *augmenter et améliorer le bétail*, c'est donc, dans l'ordre économique de la production, le point capital qui doit attirer l'attention.

Examinons un instant quelle est la position actuelle de la propriété et des propriétaires, surtout dans quelques unes de nos provinces du centre que nous avons plus particulièrement en vue, et notamment dans le Limousin et le Périgord, qui forment, vers le sud, la limite extrême de l'approvisionnement de Paris.

La grande et la moyenne propriété n'occupent guère que

le tiers du sol ; la petite propriété couvre à elle seule les deux tiers au moins de la surface du pays.

La grande et la moyenne propriété sont exploitées par des métayers ou colons à moitié fruits.

La petite propriété est exploitée par le propriétaire lui-même, ou par des fermiers à redevances fixes.

La classe des fermiers est fort restreinte, et généralement déconsidérée par de nombreux et fréquents exemples de gestion inintelligente et ruineuse pour le propriétaire.

Les baux de fermage sont rarement de longue durée : trois ou cinq ans, généralement. Les baillettes de métayer sont encore plus courtes : un métayer peut quitter son domaine ou être renvoyé à la fin de chaque année. Il résulte de cet état de choses que le fermier, et surtout le métayer, étant pressés de jouir, abusent de la fertilité du sol, et se refusent aux réparations foncières dont ils ne sont pas appelés à partager les bénéfices.

C'est, comme on voit, une des organisations agricoles les plus vicieuses et les plus nulles en résultats ; car, d'un côté, le sol s'appauvrit insensiblement, et, de l'autre, ni le métayer ni le propriétaire ne s'enrichissent. Nous ne recommandons donc pas cette organisation, nous la constatons.

C'est aujourd'hui un fait reconnu en Limousin que la propriété rapporte moins qu'autrefois, par suite d'une succession non interrompue de récoltes épuisantes et de travaux incomplets. Une autre opinion qui commence à prendre faveur, c'est qu'avec le système actuel de métayage on n'a que peu ou point de revenu. La plupart des propriétaires sentent bien que si le sort du métayer était amélioré, que si, par exemple, leurs baillettes étaient prolongées, ce serait un vrai progrès agricole et un bénéfice pour eux. Mais où trouver cette nouvelle classe de métayers responsables et intelligents, au milieu d'une population imbue des mêmes préjugés, et élevée sous l'influence des mêmes habitudes ? Et puis, qui fera les avances pour les réparations foncières et l'augmentation des bestiaux ? Les propriétaires reconnaissent le mal, c'est déjà un premier pas, mais impuissants à le prévenir, ils laissent les choses comme elles sont.

Les propriétaires du Limousin et du Périgord n'ont pas de capitaux, ce qui est avéré ; ce qui l'est également, c'est que presque tous les domaines sont grevés d'hypothèques, dont les intérêts, souvent usuraires, absorbent la presque totalité ou la meilleure part du revenu. Nous n'hésitons pas à le dire, nous connaissons peu de propriétaires qui ne soient gênés, et qui, obligés d'employer pour leurs propres affaires les fonds qu'ils peuvent réaliser, ne négligent la gestion de leurs biens, et ne prennent quelquefois en dégoût la vie des champs.

Que si nous voulons, en dehors de la mauvaise exploitation du sol, rechercher la cause du malaise des propriétaires, nous la trouverons facilement, là plus qu'ailleurs peut-être, dans un ordre d'idées totalement étranger à l'agriculture, dans ce besoin du bien-être qui a pénétré dans nos campagnes, dans cette soif du luxe qui s'est emparée des plus petits comme des plus grands, et surtout dans cette ambition dévorante qui est devenue le rêve et le but de toutes les classes, et qui, entraînant les cultivateurs loin de leurs sillons et de leurs chaumières, en fait, au prix de la sueur de deux ou trois générations, des avocats de village ou de modestes employés.

Une autre cause de malaise pour les petits propriétaires surtout, et qui puise également sa source dans la vanité et l'ambition, c'est un insatiable désir d'acquérir des terres. Que leur importe le manque des capitaux ? Ils paieront sur le revenu. Que leur importe le prix excessif des parcelles ? On leur prête pour cinq ans, pour dix années. Et chaque année le revenu de tout le bien passe au vendeur des parcelles, et, au bout des cinq ou dix années, une expropriation judiciaire dépouille l'acquéreur trop avide et de sa parcelle et de son patrimoine.

Voilà la vérité des faits !

Maintenant, qu'on veuille bien se rappeler que le Limousin et le Périgord sont couverts de prairies et d'herbages spontanés, sillonnés de ruisseaux et de sources qui parcourent les vallées ou arrosent les coteaux, et qu'ainsi, par une disposition providentielle de la nature,

ces contrées, éloignées des centres de consommation
et des débouchés commerciaux, sont merveilleusement
organisées pour l'industrie du bétail, qui se transporte
seule, et qui rémunère le possesseur du sol en argent réalisé,
tout en lui fournissant en nature une bonne part de l'alimentation de sa famille, tout en fécondant le sol après
l'avoir travaillé.

Eh bien, par suite des mauvaises conditions de la propriété et des propriétaires dans ces contrées, les ressources
naturelles du sol *se perdent*, en grande partie, sans bénéfices pour le possesseur du sol et pour le travailleur, sans
profit pour la masse des consommateurs.

Il n'y a pas une étable, nous oserions presque l'affirmer,
ou il y en a fort peu, du moins, en Limousin ou en Périgord,
qui contienne le nombre de bestiaux que la propriété
pourrait entretenir. Les possesseurs du sol n'ont point assez
de capitaux pour acquérir le nombre de bestiaux nécessaires
à l'exploitation, et, au moment de l'acquisition, ils visent au
bon marché, sans s'attacher la plupart du temps aux qualités essentielles.

L'instruction agricole qui, en Limousin ou en Périgord,
doit avoir pour but dominant l'industrie du bétail, pourra,
dans un avenir plus ou moins long, porter remède au mal
que nous venons de signaler. Mais c'est *le crédit agricole,
le crédit organisé en vue du bétail*, qui peut seul soulager
immédiatement le Limousin, le Périgord et les contrées où
l'industrie du bétail est la seule ressource réalisable.

CHAPITRE IV.

DU CRÉDIT AU BÉTAIL. — DES CHEPTELS.

Le crédit au bétail n'est pas chose nouvelle. Il fonctionne
depuis longtemps dans quelques localités du Limousin et
du Périgord, mais il est rarement réglé par contrat; presque
toujours il est *facultatif* et agit *occultement*.

Il ne s'écarte pas ostensiblement de la loi; c'est, en principe, l'article 1804 du Code civil qui lui sert de base. Le

prêteur est censé prendre la *moitié du croît*, selon l'autorisation de la loi, et supporte, s'il y en a, la *moitié des pertes*.

Mais la plupart des prêteurs dans les campagnes ne s'en tiennent qu'en apparence au texte et aux limites de la loi. Ils ne placent leurs fonds sur cheptels de bétail qu'en vue de la spéculation, qu'en vue de l'élévation des bénéfices par l'absence de toute répression, et par la dépendance absolue où ils tiennent le preneur. Les prêteurs-spéculateurs prennent non seulement la moitié légale du croît, mais souvent ils se font payer préalablement l'*intérêt à 5 pour* 100; et de plus ils reçoivent *des cadeaux* de toute espèce: beurre, œufs, volailles, gibiers, fruits, qui leur sont apportés par le preneur, soit pour obtenir des termes pour la vente, soit pour se maintenir dans leurs bonnes grâces; ou bien, au moment de la vente en foire, le prêteur est invité à dîner ou *régalé* par le preneur, ce qui est d'usage notoire. Et ces faux frais, qu'il est impossible de préciser, n'entrent jamais en ligne de compte, et grèvent singulièrement en fait la moitié légale du preneur. Nous connaissons de grosses fortunes qui se sont faites par ce mode d'opération.

La loi pénale est presque toujours impuissante à réprimer ces monstrueux abus, parce qu'il est difficile de les prouver, parce qu'il n'y a pas de contrat, parce que les conventions sont secrètes et quelquefois verbales, parce que le partage du croît se fait de la main à la main, parce qu'enfin les faux frais ne sauraient légalement s'attribuer à l'opération du cheptel. Il est toujours permis à un homme d'être généreux ou poli, et d'inviter son voisin ou son ami à dîner, ou de lui offrir un cadeau volontairement.

A part quelques honorables exceptions, le placement sur cheptels de bestiaux constitue, en Limousin et en Périgord, une opération *usuraire* et répréhensible; et nous ne saurions trop nous élever et protester contre ces faux bienfaiteurs de l'agriculture, qui, sous prétexte de lui venir en aide en lui fournissant des instruments de travail, prélèvent sur elle un tribut onéreux et extra-légal.

Mais il ne suffit pas de protester contre le mal. Quand

on peut faire le bien on doit le faire, surtout lorsqu'il **est**
possible honnêtement d'allier son intérêt avec sa **conscience.** C'est ce qui nous a déterminés à prendre l'initiative, et à former une Société régulière et publique, en vue
du placement des capitaux sur contrats de cheptels.

« L'opération des cheptels est bonne en elle-même, nous
sommes-nous dit, bonne pour le prêteur et bonne pour le
preneur. C'est le crédit agricole mis en pratique, c'est le
crédit au bétail. Que faut-il donc à ce crédit pour qu'il devienne fécond? *l'honnêteté et la publicité.*

» Qu'est-ce, en réalité, que le crédit au bétail, que le placement sur cheptels? C'est une *association* pure et simple
entre le *capitaliste*, qui fait une avance de fonds pour
acquérir des animaux, et le *propriétaire-preneur*, qui prête
son étable, fait une avance de fourrages, et emploie son
temps et ses soins à la conservation ou à la croissance des
animaux. Les soins et le temps du prêteur sont rémunérés
par le fumier et par le travail, qui lui sont légalement acquis
sans partage. Le loyer de l'étable et la vente du fourrage
d'une part, et l'intérêt des fonds avancés d'autre part, se
traduisent pour chacun par la moitié légalement autorisée
du croît des animaux. Les pertes sont supportées de part et
d'autre dans la même proportion.

» Eh bien! n'est-il pas possible, en généralisant l'opération, en la surveillant, en la *contrôlant*, en l'exécutant loyalement, mais sévèrement, en bannissant des transactions
toute clause *occulte et facultative*, en soumettant les contrats
de cheptel à une règle, à des statuts, à des formalités de garantie réciproque, n'est-il pas possible d'améliorer la position
du preneur, tout en assurant au prêteur une position excellente? N'est-il pas possible d'être moins rigoureux que la loi?»

A ces questions nous avons répondu *affirmativement.*

En autorisant le prêteur de cheptels à prélever moitié
sur le croît de l'animal, le législateur a voulu le mettre au-
dessus des chances possibles de perte, et traduire les
chances de perte possibles en un bénéfice élevé destiné à
les couvrir. Il a donc pris en considération les chances de
mortalité et d'accident, les mauvais soins, les épuisements,

les détournements d'animaux et les ventes illicites, qui, légalement poursuivables, n'entraînent pas moins des lenteurs et des avances dont il faut tenir compte.

Dans les opérations isolées, les chances de perte sont nombreuses par le défaut de surveillance et la difficulté du contrôle. Si le prêteur surveille et fait contrôler, c'est au détriment de son argent ou de son temps, qui est un capital précieux. Et l'élévation du taux légal est surtout basée sur les chances de perte qui résultent de l'absence ou de la nécessité de la surveillance et du contrôle.

En résumé, le placement sur cheptels de bétail est considéré par le législateur comme *contrat commercial*, et non comme contrat agricole.

Si donc, par une organisation quelconque, on arrive à amoindrir, en les généralisant, en les uniformant, en les distribuant sur un grand nombre de têtes à la fois, les frais de surveillance et de contrôle, on peut réserver au prêteur un large et légitime bénéfice, tout en améliorant les conditions du preneur, tout en fécondant, au profit du pays, une institution de crédit prévue par la loi, et qui n'a besoin pour être universellement usitée, que d'être régularisée et dépouillée de tout ce qu'elle présente, dans l'usage actuel, d'occulte, d'arbitraire et d'usuraire.

C'est ce que nous avons fait. Nous renvoyons à ce sujet nos lecteurs à nos statuts et règlements.

CHAPITRE V.

DE L'ÉLEVAGE, DU CROÎT, DE L'ENGRAISSEMENT.

§ I. Cultures du pays.

Il est peu de contrées en France qui offrent, par leur conformation et la différence des sols et des climats, plus de variétés de cultures et de produits que le Limousin et le Périgord. Dans certaines parties montagneuses, le pommier a peine à mûrir, tandis que sur des coteaux distants de quelques lieues seulement la vigne mûrit à merveille. Le sarrazin, produit des pays froids et pauvres, s'y cultive près du maïs, produit des pays méridionaux.

La pomme de terre y est cultivée en grand, trop en grand'
et y donne des produits remarquablement abondants. Les
châtaigniers, quoique depuis quelques années les maîtres de
forges et le besoin d'argent les aient décimés, couvrent encore de grands espaces de terrain. Le seigle, le froment,
l'orge, l'avoine, sont cultivés dans les deux provinces, et il
n'est pas de village où l'on ne récolte en certaine quantité
du chanvre et du lin, vendu et travaillé dans le pays.

Mais, au travers de toutes ces cultures variées, entremê-
lées çà et là, surtout dans les cantons les plus riches et les
plus avancés, de fourrages artificiels, peu répandus encore,
mais en progrès évident, apparaissent, en proportion relativement élevée, des *prairies naturelles* arrosées par les
ruisseaux, irriguées par des sources naturelles, ou réduites
à l'état de simples pâturages par la stagnation des eaux ou
le défaut d'humidité.

Cette vaste surface de prairies ou pâturages, que l'on
peut évaluer sans hésitation *au tiers* de l'étendue moyenne
de chaque domaine, permettrait d'entretenir des troupeaux
nombreux de toute espèce, si les propriétaires avaient assez
d'avances pour remplir leurs étables, ou pour améliorer la
qualité de leurs fourrages et en augmenter la quantité, en
usant de tous les cours d'eau et de toutes les sources, et en
assainissant les sols marécageux et argileux.

Les opérations qui regardent directement le sol sortent
du cadre où nous devons nous tenir ; nous ne faisons donc
que les indiquer. Quant au bétail, que nous avons en vue
exclusivement, nous allons expliquer sommairement les diverses industries auxquelles il donne naissance et résumer
nos vues sur les améliorations à introduire.

§ II. De l'élevage des veaux ou génisses.

L'élevage du bétail à cornes est général en Limousin et
en Périgord ; et, si ce n'est dans les cantons vinicoles ou
dans quelques parcelles trop restreintes, il n'est guère de
propriété qui n'entretienne une ou plusieurs paires de va-

ches, une vache au moins quand le propriétaire est trop pauvre.

Une vache du pays, coûtant environ 150 fr., là où le sang agénais n'a pas pénétré, là où la race locale n'a pas été amé-liorée par des soins intelligents, peut donner, en moyenne, 60 fr. de revenu réalisé par an, indépendamment du fumier, en faisant entrer en ligne de compte, d'une part, la dépré-ciation de prix des génisses, qui se vendent moins, en géné-ral, que les mâles, et, de l'autre, la chance de non-gestation annuelle ou d'avortement.

Ce revenu de 60 fr. par an pour un capital engagé de 150 fr., même en calculant les chances de mortalité, qui peuvent être, à la rigueur, de trois bêtes sur cent, ou les chances de maladie, d'accident, d'excès de travail ou de mauvais soins de la part du preneur, qui ne sauraient atteindre ensemble une moyenne de 10 p. 100 par bête, assure au prêteur, qui en prend la moitié, un placement fort avan-tageux.

Et nous sommes convaincus que le revenu moyen annuel de chaque vache serait encore plus élevé, si le choix des mères et des étalons était plus judicieusement fait, si les mères étaient remplacées plus souvent.

Les bons étalons sont rares ; les étalons sont insuffisants dans la campagne, ce qui oblige d'employer des étalons tarés ou des taureaux trop jeunes. Les produits s'en ressen-tent nécessairement.

L'habitude des propriétaires est de garder leurs vaches jusqu'à un âge trop avancé, jusqu'à ce qu'elles soient décré-pites et sans force et tout à fait impropres à la reproduc-tion. Il en résulte une déperdition notable dans la valeur vénale des mères et des produits.

Rien n'est plus facile, dans le système que nous propo-sons, que d'introduire de bonnes vaches, des étalons vigou-reux et appropriés, et de faire remplacer plus vite les mères, avant qu'elles soient fatiguées et que leur valeur vénale soit amoindrie.

Le preneur y gagnera singulièrement, et le prêteur ou la société qui le représente, en rentrant plus vite dans son capital, en le mobilisant plus souvent, pourra diminuer la part qu'il prélève sur le revenu annuel de chaque vache.

§ III. Du croît des animaux à cornes.

Un commerce très répandu et très lucratif consiste à acheter de jeunes animaux, veaux ou génisses, de huit à dix mois au moins et de quinze à dix-huit mois au plus, et de les revendre après trois mois, six mois ou un an.

Ces jeunes animaux sont lancés dans les pâturages, au printemps; dans les prés fauchés, en été; dans les regains, à l'automne, où ils sont nourris à l'étable avec les animaux nés dans le domaine.

En général, fort souvent, du moins, chaque chef de maison ou métayer accorde à son fils, à son gendre, à son garçon même, le droit de tenir un veau ou une génisse (*une velle*) dont le profit lui appartient. C'est une faveur qui stimule le zèle des jeunes gens ; c'est quelquefois une portion de leur loyer et qui prend, dans la langue du pays, la dénomination de *veau ou velle de cadet*.

Il est difficile de fixer le prix d'acquisition de ces jeunes animaux : il est très variable et peut aller de 50 ou 60 fr. jusqu'à 80 fr., et quelquefois plus ; mais dans ces limites les chances sont les plus favorables.

Si l'animal est hiverné, c'est-à-dire s'il est gardé de huit à dix mois, il n'est pas rare qu'il double son prix à la vente : au bout de trois ou six mois, on peut estimer, en moyenne, qu'il gagnera de 10 à 25 fr.; et nous nous tenons ici dans les moyennes les plus basses.

C'est donc un excellent placement de cheptel, qui peut, s'il est bien dirigé, contribuer très directement à l'amélioration des races ; car il est de notoriété que les animaux de cadet sont les mieux soignés du domaine ; il n'est pas de fourrages délicats, d'attentions, de faveurs qui ne soient réservés pour ces favoris de l'étable.

Un autre genre de commerce, appliqué au croît des animaux à cornes, consiste à acheter de jeunes veaux, castrés ou non, de deux ans à deux ans et demi, de les dompter, de les plier au travail sans les fatiguer, de les laisser croître en les nourrissant convenablement , et de les revendre après les avoir gardés un, deux ou trois ans, c'est-à-dire à l'âge de quatre ou cinq ans. Ce genre de commerce se fait dans le Périgord et le Limousin : le Périgord achète les veaux au Limousin, et le Limousin les rachète quand ils sont devenus jeunes bœufs, domptés et forts pour le travail. Ce n'est ainsi qu'un commerce d'échange entre les deux pays.

On ne peut, non plus, préciser le bénéfice de ces deux opérations. Elles sont très profitables au preneur, qui fait son travail, a le fumier et est sûr de bénéfices ; mais c'est aussi un très bon placement, car il n'est pas rare que les jeunes veaux, une fois devenus bœufs, ne se vendent le double de leur prix primitif.

Le placement des cheptels basés sur le croît des animaux a l'avantage de mobiliser singulièrement le capital, qui peut, dans certains cas, se renouveler deux ou trois fois dans l'année, de permettre un plus grand nombre d'opérations et d'assurer, par leur multiplicité, un bénéfice très élevé.

Quant aux bœufs de travail, exclusivement de travail, et hors d'âge, nous n'oserions les recommander comme placement de capitaux avec partage du bénéfice. Il est rare que ces animaux ne perdent pas à la revente, à moins qu'ils ne soient engraissés.

Si, donc, on faisait des placements de bœufs âgés de travail sans exiger l'engraissement, il faudrait prendre d'autres bases que le partage du bénéfice, et fixer, par exemple, l'intérêt du capital engagé. Ce ne serait plus ainsi un placement à cheptel, mais un simple placement d'argent.

§ IV. Des bœufs gras.

Les contrées qui aboutissent à Paris à travers le Berry, c'est-à-dire ce qu'on appelle en boucherie la *route du Limousin*, fournissaient il y a quelques années, à l'approvisionnement de la capitale, environ *seize mille bœufs gras*. Nous croyons que ce nombre a diminué, par suite de diverses circonstances relatives aux coalitions d'acheteurs et au monopole de la boucherie de Paris. Quoi qu'il en soit, le chiffre est toujours considérable, et il serait utile de l'augmenter de plus en plus.

L'engraissement des bœufs est une opération indispensable en agriculture ; c'est le moyen le plus prompt de faire consommer sur place et de réaliser en argent des fourrages invendables en nature, et de se procurer des masses d'engrais d'excellente qualité. L'engraissement est, d'ailleurs, en soi, une industrie logique, qui a pour but de se débarrasser sans perte des animaux mûrs ou hors d'âge. La boucherie est, en résumé, la destination finale des animaux à cornes.

Pour que cette industrie indispensable devienne profitable, il faut quatre conditions, selon nous, en dehors du prix d'acquisition des bœufs maigres, prix très variable, souvent fort élevé, ce qui tient à des causes graves dont l'examen nous mènerait trop loin. Il faut : 1° bien choisir les animaux qu'on destine à l'engraissement ; 2° ne pas trop les fatiguer de travail dans la période qui précède l'engraissement ; 3° les soigner et les habituer graduellement à une nourriture abondante et substantielle ; 4° assurer, par un rouage régulier, si c'est possible, leur placement et leur vente sur les marchés de consommation.

Ce sont précisément les conditions que la Société devra avoir en vue, qu'elle recherchera, qu'elle exigera. Si elles sont exécutées de part et d'autre avec sincérité, nous regardons l'engraissement des bœufs comme une des bonnes opérations que l'on puisse faire sur le bétail.

En Limousin et dans le nord du Périgord, l'engraissement se fait à l'étable, généralement avec des fourrages secs humectés d'eau fraîche ou tiède dans des baquets placés devant l'animal. On lui donne en outre, pendant toute la durée de l'engraissement, une certaine quantité de racines, crues ou cuites, et vers le dernier mois, de la farine d'avoine ou autre, ou du pain d'huile de noix en poussière ou délayé dans de l'eau tiède ; quelquefois encore on mêle à cette pâtée ou on lui donne séparément des châtaignes sèches pilées. Nous avons vu cependant, par exception, des animaux fort gras à la vente, qui n'avaient mangé pendant les premiers mois que du foin sec humecté, et seulement en dernier lieu une certaine quantité de racines et de farines. Cela tenait à la quantité spéciale et supérieure des fourrages.

Dans le midi du Périgord et dans quelques autres localités privilégiées par le climat et la précocité des herbages printaniers, l'engraissement, préparé à l'étable et au sec, se continue par des fourrages verts abondants et substantiels. Dans la région qui se compose du Limousin et du Périgord, la vente des bœufs gras commence vers le 20 décembre, par une foire spéciale de la Haute-Vienne, et se termine vers la fin de juin, par l'envoi des derniers bœufs de la Dordogne.

La période des ventes dure donc environ six mois, la période de l'engraissement dure environ neuf mois pour toute la région. La plus longue période d'engraissement pour chaque bœuf ne dure guère au delà de cinq mois, depuis sa mise en chair jusqu'à sa vente. La moyenne de la période est de quatre mois environ.

Un bœuf gras, dans les circonstances ordinaires, donne en moyenne 75 francs de bénéfice de l'achat à la vente, sans compter le fumier, après avoir été employé pendant six ou sept mois aux travaux de l'exploitation, et avoir subi un engraissement de trois à quatre mois.

Si le bœuf est bien choisi, bien nourri et pas trop fatigué, il peut, dans les mêmes conditions, donner jusqu'à 100 fr. de bénéfice.

S'il est prédisposé à la graisse, s'il est engraissé progressivement pendant cinq ou six mois, si on le dispense des travaux pénibles, si enfin on l'acquiert spécialement en vue de l'engraissement, il peut donner jusqu'à 150 et 200 francs de bénéfice.

La Société, sans gêner et changer brusquement les usages du pays qui a besoin de travail et de force, aura intérêt à développer le mode de l'engraissement spécial et à le favoriser. Elle tendra donc à n'acquérir les bœufs d'engraissement que fort tard, et à interdire, autant que possible, les travaux fatigants de force et de marche. Le bénéfice plus élevé de l'opération décidera beaucoup de propriétaires, et les rémunérera largement de leur condescendance intelligente.

§ V. Des vaches grasses.

L'*engraissement des vaches* est très lucratif. Il est quelquefois plus lucratif que celui des bœufs.

Nous avons vu souvent des vaches de bonne nature, préparées pendant quelques mois par l'absence de travail, détrapées par un ou deux mois d'embouche dans les regains, et achevées par un ou deux mois d'engraissement à l'étable, doubler et plus que doubler le prix d'estimation ou le prix d'acquisition. Une bonne vache grasse, qui a coûté 150 fr. peut se vendre souvent jusqu'à 250 francs.

La moyenne du bénéfice, dans les conditions tout à fait ordinaires, est environ 60 francs par vache.

Mais nous dirons, et en cela nous avons pour nous l'expérience des Anglais, ces grands maîtres de l'engraissement des animaux, que si l'on ne laissait porter les mères que deux ou trois fois, si on les livrait impitoyablement à la boucherie dès qu'elles ont passé cinq ans, on aurait, par l'aptitude des bêtes, par la facilité de l'opération, par l'excellence de la qualité, un prix encore supérieur à celui que nous venons d'indiquer. On aurait, en outre, un autre avantage, celui de rentrer plus souvent dans son capital, presque immobilisé dans les cheptels de vaches, et de tirer parti avec bénéfice à la vente de toutes les mères qui, dans l'usage, dépérissent et ne servent qu'imparfaitement à l'alimentation humaine.

Toutes ces questions, souverainement économiques, attireront l'attention de la Société, qui a en mains le moyen de les résoudre progressivement par l'impulsion et par l'exemple.

§ VI. De la race ovine.

Le placement de cheptels en faveur des bêtes *ovines* est moins usité qu'en faveur des bêtes à cornes. Cela tient à la

difficulté de la suveillance et du contrôle sur un genre d'opérations qui nécessairement est très multiplié, et est soumis à certaines chances plus fréquentes de pertes.

Cependant les cheptels sur bêtes ovines sont excessive-
ment productifs.

Un troupeau nombreux, destiné à la reproduction, est
exposé à des maladies et à des mortalités, cela est vrai.
Mais si le troupeau est bien choisi, s'il est bien logé, bien
soigné, nourri avec intelligence, il offre, par la laine et par
le croît des agneaux, un bénéfice très élevé, sans compter
le fumier, qui est très estimé. L'important est de ne placer
un troupeau de reproduction que dans les cantons secs, et
chez des propriétaires connus.

Un troupeau de moutons destiné à l'engraissement d'été
ou même d'hiver, nous paraît encore préférable au point de
vue du profit, en Limousin et en Périgord, à un troupeau de
reproduction, du moins dans la généralité des circonstances.

L'engraissement des brebis-mères est également une
opération qui, bien que modeste, est très profitable, et qu'il
ne faut pas dédaigner. Nous avons vu des mères très vieilles,
hors d'état de reproduire, vendues en foire 2 fr. 50, 2 fr.,
et jusqu'à 1 fr. 50, doubler de prix après quelques mois de
pâturage, à travers les champs, presque sans soins et sans
frais.

Nous ne pouvons préciser avec exactitude, et proportionnellement au prix d'acquisition, le bénéfice provenant d'un
troupeau de reproduction ou d'un troupeau de moutons,
pour une région aussi grande et aussi changeante, où le
prix d'une tête varie depuis 3 francs pour une brebis ordi-
naire de petite race du pays, jusqu'à 20 francs pour un
mouton de forte race de Faux ou du Quercy.

Ce que nous savons, c'est que dans la Corrèze, par
exemple, on estime généralement qu'un troupeau de petite
race donne chaque année, laine et croît compris, 1 franc
par tête, et qu'un mouton de même race, à l'engraissement,
donne en moyenne 3 francs de bénéfice, pour un prix d'acquisition moyen de 7 à 8 francs au plus.

Le placement des cheptels *sur moutons d'engrais*, que nous recommandons *particulièrement*, a cela d'avantageux : 1° qu'il se renouvelle fréquemment, jusqu'à trois fois dans l'année, si l'on veut, qu'il ne faut pas un grand capital pour faire une opération, et qu'on peut, par cette double raison, multiplier les cheptels ; 2° que l'on peut intercaler les cheptels de moutons avec les cheptels de bêtes à cornes mobilisées, et agir avec les mêmes propriétaires ; 3° que l'on fait ainsi consommer, au profit de la société et du preneur, et au profit du pays tout entier, tous les herbages, spontanés et autres, que présente un domaine, et qu'ainsi aucun produit naturel ne se perd.

§ VII. Des races porcines.

Une autre espèce de cheptel, moins usité encore, à cause des difficultés spéciales que présente l'opération, c'est le cheptel des bêtes *porcines*. De tous c'est cependant le plus lucratif. Un seul fait le prouve, c'est qu'en général, dans les cheptels sur porcs, le prêteur ne prend que le tiers des bénéfices.

La société ne peut négliger une source aussi féconde de bénéfices pour elle et de profit pour le pays. Le Limousin et le Périgord se prêtent singulièrement à l'industrie des porcs, qui se nourrissent de glands, de pommes de terre, d'herbages et de châtaignes, qui s'alimentent précisément des produits naturels que ces deux pays offrent en abondance sur toute leur surface.

Le nombre des porcs est très considérable dans les deux pays, mais il pourrait l'être encore davantage. L'industrie y est bien entendue au point de vue des soins et de l'alimentation ; les ménagères des campagnes n'ont rien à apprendre à cet égard.

La seule question qui soit mal comprise et peu étudiée, c'est la question des *débouchés*. Nos porcs limousins ou périgourdins sont envoyés vers le Midi, qui s'est pris à engraisser à son tour, et surtout vers Bordeaux, où ils sont achetés pour la marine, qui les prise fort à cause de la qualité du lard et de la graisse. Mais ce n'est là qu'un débouché insuffisant. Il faut en trouver d'autres.

La race des porcs limousins est excellente à manger comme *viande de table*. C'est, en fait de porcs, la chair la plus fine, la plus serrée, la plus blanche, la plus délicate et la plus savoureuse. A l'œil, elle ressemble presque au veau de lait.

Pourquoi donc ne veut-on pas à Paris des porcs limousins? Pourquoi sont-ils dépréciés sur les marchés et cotés au plus bas prix? Nous allons descendre dans de curieux détails *de cuisine;* mais nous devons dire la vérité, et révéler les secrets qui nous ont été dévoilés, afin qu'un pays pauvre et bien aimé par nous, puisque c'est le nôtre, puisse en tirer bon parti.

A Paris, la cuisine se fait *au beurre*, d'usage immémorial; la graisse n'y a pas cours comme dans le Midi. Il faut donc aux cuisiniers et aux charcutiers parisiens un lard ferme, pas trop épais, attenant à la couenne, propre à piquer les viandes, et qui ne se *fonde pas* à la cuisson. Il leur faut ensuite, pour leurs préparations de table et d'étal, de la chair qui ne soit pas trop mélangée avec la graisse, et qui ne *diminue* pas au feu.

Or la race limousine, arrivée à son engraissement final, est presque cylindrique; c'est, en quelque sorte, une boule de graisse; elle a, à part les jambes qui sont plus hautes et le corps qui est un peu plus long, de grandes analogies avec les races perfectionnées d'Angleterre, de l'Inde et de la Chine. Poussée à ce point-là, elle a un lard épais, *de six pouces quelquefois, tendre et fusible;* elle a une chair *perdue* dans les profondeurs de ce lard, et entremêlée d'une graisse *fine et onctueuse*. Ce sont des qualités essentielles pour les salaisons de la marine et pour les pays où l'on fait la cuisine à la graisse et au lard.

Mais à Paris, ces qualités-là sont proscrites. Quand le lard sort du pot, il n'existe plus, et la chair devient de plus en plus imperceptible; c'est ce que disent les praticiens, ou plutôt les spéculateurs de consommation. Comment voulez-vous qu'une race qui a l'inconvénient de disparaître au feu trouve grâce devant des hommes positifs, qui veulent retrouver *leur poids*, sans se préoccuper de la qualité?

A part le ton plaisant, dont nous demandons pardon dans un sujet si grave, voilà le véritable secret de l'anathème qui a frappé à Paris les porcs limousins!

Eh bien, nous avons voulu en avoir le cœur net, et nous avons fait venir à nos frais un certain nombre de porcs limousins comme on les veut à Paris, c'est-à-dire à demi gras, avant que la chair se fût transformée en lard et en graisse; en un mot, nous les avons commandés *sur mesure*. Nous les avons vendus, nous les avons suivis à l'*abattoir*, à l'*étal* et dans le *pot*, où nous avons retrouvé *notre poids*, et jusque sur la *table*, où nous avons eu la satisfaction d'en offrir une tranche à un Parisien fort sceptique, qui s'est persuadé qu'il mangeait du *veau de Pontoise*, et qui nous a ri au nez quand nous lui avons dit: « Ce que vous mangez » là, c'est une tranche de filet de porc limousin. » Nos *jamboneaux*, en particulier, ont une apparence et un parfum qui conquerront un jour la renommée et l'estime des gastronomes de tous les pays. Nous offrons de le parier contre tout incrédule.

Le résumé de tout ceci, c'est que le Limousin a intérêt à engraisser des porcs comme il le fait dans la mesure des placements que lui offrent la marine et le midi de la France; mais qu'au delà de cette limite il a intérêt à n'élever, à ne pousser les porcs que jusqu'au point où on les désire à Paris, c'est-à-dire *jusqu'à* 150 *ou* 160 *livres* à peu près, à faire ce qu'on appelle des *petits salés* ou de *gros nourrins*, dont il trouvera le placement assuré à Paris et dans le nord.

Rien n'est plus facile que de faire le moins quand on peut le plus, en fait de production animale surtout.

Un fait que nous devons signaler ici, c'est que les derniers mois de l'engraissement sont précisément la période où les aliments profitent le moins, relativement parlant. L'animal est gorgé, dégoûté; il laisse perdre une partie notable des aliments, et ne s'assimile pas tous ceux qu'il prend.

La nourriture absorbée par un seul porc gras pesant

300 livres aurait suffi pour pousser à 150 livres trois et souvent quatre animaux, et cela dans un temps incontestablement plus court.

La Société, qui a les yeux tournés vers l'approvisionnement de la capitale, qui a des agents à Paris, et qui a intérêt à ne pas multiplier les rouages, cherchera donc à introduire en grand cette industrie nouvelle et à la diriger en vue du débouché parisien.

La Société y gagnera, et les propriétaires aussi, puisque cette industrie, qui au maximum ne dure pas plus d'une année, et peut se renouveler souvent deux fois dans l'année, assure un bénéfice peut-être plus élevé qu'aucune autre industrie animale.

§ VIII. De la race chevaline.

Nous ne saurions exclure du règlement de la Société le placement sur cheptels de *juments ou de jeunes poulains*. Le Limousin est renommé pour la race chevaline qu'il a perdue. Ce genre de placement qu'il cherche à reconquérir, en partie du moins, a ses avantages et ses inconvénients. Mais, bien fait et bien dirigé, il présente d'incontestables bénéfices.

CHAPITRE VI.

ENSEMBLE DES OPÉRATIONS DE LA SOCIÉTÉ.

Si l'on nous demandait notre préférence à l'égard des diverses opérations que nous venons de détailler, nous répondrions :

Chacune de ces opérations est bonne en elle-même ; sa bonté relative dépend d'une infinité de circonstances locales.

En principe, l'engraissement, dégagé de la question du travail, est le plus lucratif, parce que, le capital se mobilisant par le fait d'une opération de courte durée, rentre plus souvent en caisse, et permet de réaliser au bout de l'année une plus grande masse de bénéfices plus souvent répétés.

Au point de vue de l'intérêt de la Société, l'engraissement

mériterait donc la préférence, surtout s'il était organisé de façon à remplacer successivement les unes par les autres les espèces diverses d'animaux, selon les saisons, la nature des herbages et les propriétés des produits naturels, et si par suite il n'y avait ni lacunes quant au temps, ni perte quant aux produits naturels.

Ainsi *la succession* des bœufs de l'automne au printemps, des moutons pendant l'été, et des porcs pendant presque toute l'année, présenterait une combinaison fort utile dans la plupart des cas.

Mais il ne faut pas oublier que nous avons en vue une région entière, et que l'engraissement ne saurait être général. Si donc, au début, la Société vise de préférence à l'engraissement, elle devra, en vue de son propre intérêt aussi bien que de l'intérêt public, encourager et aider plus tard, et dès qu'elle le pourra, les opérations qui ont en vue l'élevage, quoiqu'elles aient l'inconvénient d'immobiliser le capital, et par là d'exiger un capital plus élevé.

Nous croyons que le *mélange*, combiné avec intelligente et juste proportion, de l'élevage et de l'engraissement, offrira à la Société le bénéfice moyen le plus élevé. Et si nous considérons que le commerce des jeunes animaux de revente, qui est classé parmi les opérations de l'élevage, est un des plus lucratifs, notre opinion aura une nouvelle force.

Jetons un coup d'œil rapide sur les rouages généraux que consacrent les statuts de la Société.

L'autorité est concentrée entre les mains d'un directeur gérant, qui nomme les employés et agents, et demeure seul responsable à l'égard de la Société.

Il a sous ses ordres un inspecteur et des agents chargés de surveiller ou d'opérer les achats et les ventes, de visiter les étables, et de maintenir, en s'en référant à lui, les droits et les intérêts de la Société.

Il se fait représenter par un secrétaire-général qui réside à Paris, afin qu'un service aussi disséminé ne soit jamais en souffrance près du public, près des actionnaires, ou près des administrations intéressées à l'alimentation de la capitale ou du pays entier.

Il a un caissier qui est chargé de la comptabilité, de la tenue des livres, des recettes et dépenses d'administration, et de l'encaissement des fonds. Ce caissier est en relation permanente avec les banquiers de la Société.

L'inspecteur, le secrétaire-général et le caissier, qui peuvent avoir entre mains, à certains moments, ou des sommes appartenant à la Société, ou des pièces importantes, ne sont cependant pas responsables à l'égard de la Société, qui ne reconnaît qu'une responsabilité, celle du directeur gérant.

Le directeur-gérant souscrit un certain nombre d'actions qui servent de garantie à l'égard de la Société.

Mais il peut exiger, s'il le croit utile, des employés, responsables envers lui, une garantie ou un cautionnement qui couvre sa responsabilité.

Pour que le zèle de ces trois agents principaux soit stimulé et toujours en éveil, le directeur-gérant les intéresse aux opérations de la Société. Ils ne reçoivent donc pas d'appointements fixes, mais des parts proportionnelles qui sont prélevées, par accord commun, sur la part attribuée au directeur-gérant, sans que la Société ait à intervenir dans cette distribution.

Les autres employés sont payés à appointements fixes, mais ils ne sont nommés que progressivement et proportionnellement aux ressources de la Société, et après l'avis du comité de surveillance.

Le directeur-gérant reçoit les souscriptions ; le secrétaire-général, l'inspecteur ou tout autre agent de la Société sollicitent les souscripteurs et donnent avis au directeur gérant des promesses de souscription.

Les versements ont lieu entre les mains du ou des banquiers désignés par le directeur-gérant.

Les fonds sont livrés, sur lettre d'avis et ordonnancement du directeur-gérant, entre les mains de l'inspecteur ou de tout autre agent autorisé, pour opérer les acquisitions d'animaux et les placements de cheptels, ou entre les mains du caissier, pour les besoins de la Société.

Le montant des ventes est constaté par un bordereau

signé par l'inspecteur ou par l'agent autorisé, qui comprend, outre le prix de vente, le prix d'acquisition et l'état de situation du preneur, d'après un état dressé d'avance par le directeur gérant.

La part afférente à chaque preneur sur le bénéfice des ventes est soldée par l'inspecteur ou l'agent autorisé, conformément au bordereau.

Le montant des ventes est versé, ou par l'acheteur directement, ou par l'inspecteur, ou par l'agent autorisé, entre les mains du ou des banquiers de la Société ou du caissier.

Tous les mois un état de situation du compte courant est adressé par le ou les banquiers au directeur gérant.

Le directeur-gérant paie les employés et agents et les intérêts des actions, acquitte les charges de la Société, et distribue les dividendes aux actionnaires, après approbation des comptes par l'assemblée générale.

Un comité de surveillance surveille toute l'administration, contrôle la comptabilité et représente les actionnaires.

Ainsi, en résumé, l'opération financière consiste dans un mouvement de fonds payés ou encaissés par un ou plusieurs banquiers, dans l'encaissement par le caissier des fonds nécessaires à l'administration, et dans le paiement par le directeur gérant des appointements fixes des employés et charges de la Société.

L'opération *financière* se *contrôle* par le fonctionnement *administratif*. Les bordereaux de vente, les états de situation et les versements successifs, les rapports de l'inspecteur et des divers agents, la surveillance obligatoire et personnelle du directeur gérant, la comptabilité centralisée, et le contrôle du comité de surveillance, sont autant de rouages qui se croisent, se *complètent* et se *vérifient* de telle sorte qu'une erreur, si elle existait, ne saurait passer inaperçue.

Quant au fonctionnement économique, il est simple, et les statuts sont précis à cet égard.

Les propriétaires ne peuvent être agréés qu'après avoir rempli certaines formalités qui suffisent pour rassurer la Société sur le placement. L'inspecteur vérifie, d'ailleurs, l'exactitude des faits, et surveille l'opération pendant toute sa durée. En outre, des clauses pénales et résolutoires **sont** prévues.

Les placements peuvent être isolés; mais c'est qu'alors ils présenteront des conditions hors ligne. Dans la pratique, le directeur gérant veillera à ce que les placements soient *rapprochés*, afin d'établir une certaine solidarité, une espèce de mutualité, et afin de rendre la surveillance moins dispendieuse.

Toutes ces applications de détail ne peuvent être précisées. Elles dépendent des circonstances, et seront exécutées par le directeur gérant responsable, en vue des intérêts de la Société.

Il résulte de tout ce que nous venons de dire, ici et dans les chapitres précédents, que la Société peut, comme nous l'avons annoncé plus haut, se montrer plus généreuse que la loi, et qu'au lieu de prendre la moitié, selon l'autorisation de l'article 1804 du Code civil, elle peut et elle doit se borner à prendre seulement *le tiers du croît* des animaux, en se réservant de modifier cette proportion selon les résultats **et** l'expérience des faits.

CHAPITRE VII.

INTÉRÊT DES PRÉTEURS.

Les préteurs réunis en société ont un double avantage que ne peut avoir le prêteur isolé, agissant individuellement.

1° Ils exercent, par mandataire, une surveillance active et incessante, et ils ont, par une organisation intelligente, un contrôle permanent des opérations, sans **que la** part de cette surveillance et de ce contrôle afférente **à** chaque bête soit élevée. La concentration des cheptels sur un point donné, et la concentration de la surveillance et du contrôle entre les mains d'un même mandataire, agissant pour tous, permettent de réduire considérablement **les** frais généraux.

2° La multiplicité des placements de même nature ou de nature différente sur les mêmes propriétés ou dans des pro priétés voisines, permet de faire fructifier les fonds sans lacune, sans aucune crainte de non-emploi. Le déplacement des fonds peut même, dans quelques cas, être utile à la Société.

Ainsi, par le seul fait de la concentration et de la multiplicité des placements, la Société peut s'assurer loyalement, avec publicité et contrôle administratif, un bénéfice au moins égal, nous dirions même *supérieur*, au bénéfice *honnêtement* perçu par les faiseurs de cheptels occultes ; et, tout en s'interdisant les manœuvres honteuses que nous avons signalées, et qui constituent le fait d'usure à sa suprême puissance, la Société n'en retirera pas moins des fonds engagés par elle un bénéfice commercialement très élevé.

Il nous serait facile de présenter ici un calcul approximatif des profits probables d'une opération bien combinée, qui aurait en vue, par exemple, un canton entier et diverses espèces d'animaux se succédant dans les mêmes étables. Nous démontrerions que la diversité des opérations devient, dans la plupart des cas, une source de bénéfices assurés.

Mais notre démonstration serait superflue; la pratique des faits sera incontestablement plus concluante que tous les raisonnements économiques.

Ce que nous devons dire, c'est que les capitaux engagés ne sont jamais à découvert. Ils sont toujours *nantis* par les animaux à l'étable, ou par les animaux en vente, ou par les fonds en caisse. Une comptabilité rigoureuse et se contrôlant régulièrement par la force des choses garantit le nantissement.

Dans les intervalles qui séparent l'acquisition des animaux de la livraison des fonds destinés à les solder, et où une portion du capital est donnée à l'inspecteur ou à l'acheteur autorisé, le découvert est *garanti* à l'égard de la Société par les actions du directeur-gérant, et à l'égard de ce dernier par le cautionnement qu'il a le droit d'exiger de l'inspecteur ou des agents qui ont un maniement de fonds.

Le directeur-gérant, qui ordonnance les mouvements de fonds, aura soin, si cela est nécessaire, de ne pas dépasser dans les crédits ouverts la limite des cautionnements qu'il a exigés. Rien n'est plus simple.

Aussi, point de *perte possible du capital.*

Quant aux bénéfices annuels de la Société, notre opinion, que nous pourrions justifier par des chiffres, est qu'ils seront *plus élevés* que les bénéfices de la plupart des opérations *industrielles.*

Nous devons faire observer que la progression des bénéfices en faveur des souscripteurs d'actions sera d'autant plus ascendante que le fonds social sera plus élevé.

CHAPITRE VIII.

Intérêt des propriétaires preneurs.

Nous n'avons pas besoin de faire ressortir grandement l'intérêt des propriétaires, preneurs de cheptels.

Si les cheptels placés à moitié sont profitables, et ils le sont, puisque le nombre des cheptels faits est considérable, à plus forte raison les cheptels rapportant deux tiers du bénéfice seront profitables au preneur : c'est d'une évidence arithmétique.

La différence des deux tiers à la moitié constituera incontestablement pour le preneur la portion la plus clairement réalisée de ses revenus.

Au lieu de se trouver en face d'un prêteur *avide* et démesurément intéressé, que souvent il était obligé de chercher *dans l'ombre*, et qui profitait de sa détresse ou de ses obligations pour lui imposer, à titre de service, des conditions *illégales et usuraires*, le preneur trouvera devant lui, à toute heure, sans se déranger de sa demeure si cela lui plaît, une institution *d'ordre public*, agissant *au grand jour*, selon des règlements connus, et ne prélevant qu'un bénéfice *modéré, au-dessous du taux fixé par la loi*, sans aucune clause honteuse et contraire aux véritables intérêts ; une institution qui lui fera crédit, ou plutôt qui fera *crédit à son étable*, à *son bétail*, proportionnellement à ses produits en nature et à son honorabilité personnelle.

Le preneur honnête, qui hésite souvent à s'adresser au prêteur sur cheptels occultes, parce que les conditions du prêt ne sont pas nettement et publiquement définies, parce qu'il craint surtout de paraître trop besogneux en acceptant des conditions dures et onéreuses, n'hésitera pas à s'adresser à une institution de crédit honnête comme lui, et modérée dans ses exigences et dans l'exercice de ses droits.

Eh! mon Dieu! qui songerait aujourd'hui à rougir parce qu'il n'a pas d'avances? Qui y songerait surtout parmi les propriétaires? Combien y en a-t-il parmi eux, à part quelques rares privilégiés, qui puissent se passer du crédit, sous quelque forme qu'il leur vienne?

Le sol est l'assiette la plus solide de toutes les fortunes, publiques et privées; c'est une source inépuisable de bien-être et de richesse, mais à une condition : c'est qu'il sera cultivé; c'est qu'il fournira par là aux dépenses et à l'exis tence matérielle du possesseur, du travailleur et du consommateur, et aux dépenses et aux charges publiques de l'État.

Et pour cela il faut que chaque parcelle de sol utile ait à sa portée une part de capital-argent ou de crédit proportionnelle à sa mise en valeur et à son entretien, soit sous forme de crédit foncier, soit sous forme de crédit agricole, soit sous forme de crédit industriel, soit sous forme de crédit personnel. L'alliance indissoluble et proportionnelle du sol et du capital, voilà le but et le secret de l'avenir matériel de la France!

Le *détenteur du sol* ne peut donc, sans manquer à ses devoirs envers le pays et envers sa famille, et nous le disons rigoureusement, laisser *en friche et en décadence* la propriété qu'il a acquise ou que lui ont laissée ses pères, lorsqu'il peut la féconder, lorsqu'on lui tend les bras pour lui fournir ce qui lui manque, *l'argent ou les instruments de travail*.

C'est, d'ailleurs, l'application à l'agriculture de ce qui a lieu chaque jour dans le commerce et l'industrie. D'un côté, le local et la clientèle, la mine et l'usine, l'étable et les produits naturels ; de l'autre, l'argent ou le crédit.

Quand cette espèce de crédit, qui alimente si utilement l'industrie et le commerce, sera bien appréciée, bien connue dans la région que nous avons en vue, nous ne craignons qu'une chose, c'est que le nombre des preneurs de cheptel ne soit subitement en disproportion avec les ressources de la Société.

CHAPITRE IX.

DE L'INTÉRÊT GÉNÉRAL AU POINT DE VUE DU PAYS ET DU GOUVERNEMENT.

Le but et l'organisation de la Société donnent satisfaction aux intérêts généraux de deux manières :

1° Par l'*augmentation* du nombre des animaux ;

2° Par l'*amélioration* des races.

Si l'on a suivi attentivement ce que nous avons dit, on aura compris que le moyen que nous proposons est de tous le plus direct et le plus immédiat d'augmenter le nombre des têtes de bétail.

En effet, nous avons pour but de rechercher les propriétés où le nombre des têtes de bétail n'est pas en rapport avec les produits naturels du sol, et conséquemment d'étudier, avant de leur venir en aide, le nombre d'animaux qu'elles peuvent logiquement entretenir. La Société, ayant intérêt à concentrer ses opérations et à tirer parti en ce sens de toutes les ressources agglomérées sur un même espace, ne laissera donc perdre aucun produit, aucun élément de profit. Donc la Société tendra de plus en plus à augmenter le nombre des têtes de bétail, et plus son action s'agrandira, plus ce nombre s'accroîtra.

Au point de vue général des cultures et du pays qu'elles alimentent, les conséquences de cette augmentation seront puissantes ; il n'est guère besoin de les indiquer : Accroissement de la masse des engrais, facilité et à propos du travail, transformation sur place, sans lacunes et sans perte, des produits naturels en animaux vendables d'une réalisation assurée. Quelle succession non interrompue d'opérations fructueuses pour la propriété! Quelle source de richesses locales! Quelle ressource croissante et toujours assurée pour l'alimentation publique!

Quant à l'amélioration des races, la Société, par l'organisation que nous avons prévue et formulée, peut lui donner une vive et salutaire impulsion. Nous n'entendons pas par amélioration des races une opération uniforme, le rapprochement plus ou moins parfait d'*un type absolu* qui serait le *nec plus ultrà* de la beauté, de la grosseur ou de la taille. A nos yeux, l'amélioration des races est *relative* : elle consiste à faire concorder, dans chaque localité, la race dominante, la race qui doit servir de type, avec les fourrages, avec les besoins des cultures, avec les destinations lucratives et les débouchés.

Chaque race implantée dans un pays depuis des siècles a sa raison d'être ; la tradition est souvent la sagesse, et nous ne saurions la confondre avec la routine. La routine repousse le progrès par apathie, par entêtement, par ignorance. La tradition, en fait d'intérêts matériels, en fait d'animaux surtout, accepte le progrès et s'y prête volontiers, pourvu qu'il soit logique. Ainsi l'amélioration des races, pour être fructueuse et se faire accepter comme fait, ne consiste pas à détruire et à remplacer brusquement, mais à fondre, à mêler et surtout à améliorer en dedans, par la *sélection*, par le choix des ascendants les plus parfaits.

Dans cet ordre d'idées, le rôle de la Société est marqué. Elle peut influer directement sur l'amélioration des races, et elle le fera toutes les fois que ses intérêts réels n'auront pas à en souffrir. Plus que les primes et les récompenses, l'importation en fait, l'importation continue, par les soins de la Société, de races acclimatables et surtout d'animaux bien choisis, bien construits, jeunes et appropriés aux services et aux destinations déterminées, produira l'amélioration des races dans le sens pratique, dans la mesure utile. Ici, l'intérêt de la Société est d'accord avec le progrès.

Cependant il n'est pas bon que l'intérêt matériel d'une

institution privée soit l'unique mobile du progrès et de l'amélioration des races; sans doute l'autorité n'a pas à intervenir arbitrairement dans la désignation des types et dans le choix des animaux; elle n'a pas le droit de forcer la volonté des acheteurs. Mais, quand on songe qu'il s'agit d'une série non interrompue d'opérations, dirigées sur une grande échelle et appliquées sur toute une région; quand on songe que les types introduits par là peuvent, selon ce qui sera fait, consacrer le progrès et enrichir le pays, ou compromettre pour longtemps les intérêts de la production entière, on se demande comment l'autorité pourrait demeurer indifférente et totalement étrangère à l'action d'une Société qui base précisément ses intérêts particuliers sur des opérations d'intérêt public.

Le rôle de l'autorité ne saurait être qu'officieux. L'autorité ne doit pas ordonner, mais elle doit *indiquer*, et pour indiquer, elle doit *savoir;* et quand elle sait et qu'elle a indiqué, elle doit *influer*, pour que ses indications soient suivies.

C'est cette obligation d'intervention officieuse de la part de l'autorité qui nous a amenés à formuler un règlement administratif pour la formation et le fonctionnement de comités d'encouragement et d'amélioration des races. Ces comités, composés d'hommes experts et compétents, étudieront et constateront les besoins et les ressources du pays, l'état actuel de la production fourragère et animale, les défauts et les qualités des races du pays, et ils indiqueront, en motivant leur avis, quelles sont les meilleures méthodes à suivre et les meilleures races à introduire. Leurs délibérations ne seront publiées qu'à titre *consultatif*. Les preneurs de cheptel et la Société conserveront vis-à-vis les comités leur entière liberté d'action. Mais les primes et les récompenses accordées par les administrations locales et par le gouvernement devront consacrer de préférence les avis consultatifs des comités. Ceci est de toute justice, et c'est d'ailleurs ce qui a lieu dans la pratique des faits.

L'idée de ces comités est neuve quant au bétail; mais elle est appliquée en vue des races chevalines. Il y a toujours eu un comité supérieur des haras. On vient de nommer, en outre, une commission spéciale; avant 1848 il y avait une commission supérieure d'immatriculation. Pourquoi une institution, qu'on juge bonne pour l'élève des chevaux, ne serait-elle pas étendue au bétail, qui tient une si large part dans la production et dans la richesse du pays? Nous voudrions *un comité par département, un comité par région, un comité central.* L'idée vaut la peine qu'on l'examine.

CHAPITRE X.

CONCLUSION.

Nous avons recherché dans ce travail à quoi tiennent l'infériorité relative et le malaise de l'agriculture française, et nous les avons attribués à deux causes prédominantes, l'ignorance et le manque de capitaux.

Nous avons dit que les préjugés et la routine, qui entretiennent l'ignorance, disparaîtront inévitablement devant l'instruction agricole largement développée et devant l'étude approfondie et la connaissance des intérêts locaux bien définis.

Dans cet ordre d'idées, les établissements d'instruction, et surtout les *colonies agricoles*, vers lesquelles pousse la logique; les routes, chemins de fer et canaux, qui rapprochent les distances et les hommes; et, enfin, les chambres consultatives, qui unissent les intérêts solidaires et les protégent par une autorité légale, donnent dans une mesure utile, sinon suffisante, satisfaction aux intérêts généraux du pays.

Nous avons dit que le crédit foncier, universellement établi, et il le sera tôt ou tard, s'il ne parvenait à enrichir directement les propriétaires, tendrait du moins à les libérer peu à peu et à les arracher à l'usure, qui dévore le sol et compromet la production.

Nous avons dit que le crédit agricole, le crédit aux produits ou aux instruments de travail, était indispensable à l'agriculture, et qu'il méritait d'attirer l'attention immédiate du gouvernement.

Nous avons dit que le crédit au bétail était, de tous les crédits agricoles, le plus utile et le plus facile à établir, parce qu'il y a profit certain pour les préteurs, avantage incontestable pour le preneur, et que la valeur du nantissement, au lieu de s'affaiblir, s'accroît de plus en plus pendant l'opération.

Nous avons dit que le moyen le plus logique d'appliquer le crédit au bétail était de placer des animaux par contrats de cheptel, prévus par la loi et déjà usités.

Nous avons détaillé les diverses opérations d'élevage et d'engraissement auxquelles se prêtent les cheptels ; nous avons traduit en chiffres les avantages particuliers que présente chacune d'elles; et, dans un résumé, nous avons expliqué les diverses phases et l'ensemble du système que nous avons adopté.

Et pour que ce système, nouveau dans son fonctionnement public et fécond dans ses résultats, fût bien apprécié, nous avons fait ressortir les intérêts de tous les intervenants : intérêts des préteurs, intérêts des propriétaires-preneurs, intérêts généraux du gouvernement et du pays.

Il nous reste à produire, en faveur de notre système, deux considérations puissantes : l'une, d'ordre pratique; l'autre, d'ordre économique.

Et d'abord, dans l'ordre pratique, nous ne sommes pas de ceux qui, partant uniquement du point de vue de la consommation, disent : « Produisez, produisez sans cesse ; la production creuse son lit ; les produits font les placements. » Ceux-là mettent les effets avant la cause, et, malheureusement, ils sont en nombre, dans les villes, surtout.

Nous sommes, au contraire, de ceux qui disent : « Étudiez les débouchés, assurez-vous les placements, et puis produisez; produisez vite et bien, conformément aux débouchés, conformément aux placements. »

Or il n'est pas donné à tout producteur, à tout producteur isolé, surtout, de s'assurer des débouchés permanents et de s'assurer des placements lucratifs : les débouchés et le placement ne se manifestent, généralement, que par les expéditions et les prix de vente des foires et marchés, et ces expéditions et prix sont variables et facultatifs, et tournent presque toujours au détriment des producteurs, non pas parce qu'il y a concurrence, car la concurrence loyale est la vérité, mais parce qu'il y a spéculation illicite et coalition, malgré la loi, qui est impuissante à les prouver et à les atteindre.

C'est précisément une des raisons principales qui nous ont engagés à fonder la Société des cheptels vivants. L'intérêt des prêteurs sera toujours un mobile puissant pour la recherche des débouchés permanents et des placements lucratifs; et ce que des individualités n'auraient pu faire, une société collective bien organisée et influente le fera sans peine. On ne pourra pas compter sans elle sur les marchés d'approvisionnement.

En prenant en considération, dans les contrats de cheptel, les besoins et la position de chaque preneur, et en les faisant concorder, dans la pratique, avec les débouchés et placements lucratifs, la Société n'en agira pas moins avec ensemble, avec logique, avec autorité, avec succès.

La Société, en fait, *commanditera* les producteurs. L'espèce, la race, la forme, l'âge, le poids, le degré d'engraissement, les époques et lieux de vente seront prévus, déterminés. Le preneur saura très approximativement la part de bénéfice qui lui reviendra à la vente; il sera sûr d'avoir sa part de bénéfice au moment où il en a besoin, au moment qu'il a fixé d'avance pour effectuer ses paiements.

Dans l'ordre économique, la Société est le *complément* indispensable du *crédit foncier*.

Le crédit foncier a un double but : liquider la dette hypothécaire, créditer la propriété libérée.

Dans le premier cas, le crédit foncier a un emploi légalement déterminé ; il est absorbé par la dette hypothécaire à laquelle il se substitue; il est immobilisé et ne peut servir à l'amélioration du sol, ni dès lors être considéré comme élément de travail.

Dans le second cas, soit que la propriété soit entièrement libre au moment de l'emprunt, soit que l'emprunt l'ayant libérée totalement, une partie des fonds demeure à la disposition de l'emprunteur, le crédit foncier se transforme réellement en crédit agricole. Nous craignons que pendant longtemps cette catégorie d'emprunteurs ne soit que l'exception, et nous le regrettons vivement.

Quoi qu'il en soit, le crédit agricole, le crédit au bétail en particulier, vient suppléer à l'insuffisance du crédit foncier et complète son action bienfaisante; il vient créditer précisément celui qui n'a pu se libérer totalement, et celui qui, s'étant libéré totalement, n'a pu réserver pour son travail aucune portion du crédit foncier; il vient leur donner le moyen, le seul moyen logique de remplir leurs engagements, de payer les annuités et d'opérer, à la longue, par un accroissement de produits, la libération radicale de leur patrimoine, libération qui serait incertaine si le crédit agricole n'existait pas.

Cette considération est plus puissante encore que la première, et nous sommes certains qu'elle nous attirera la faveur et le concours efficace du gouvernement et du public, auquel nous nous adressons avec confiance, avec certitude de succès, parce que notre projet répond à un besoin pressant et incontesté, parce que l'organisation que nous présentons est essentiellement pratique, parce que les rouages sont simples et garantissent, par un contrôle permanent et réciproque, l'honnêteté et la sécurité des opérations.

COMTE A. DE TOURDONNET.

SOCIÉTÉ AGRICOLE DES CHEPTELS VIVANTS.

STATUTS DE LA SOCIÉTÉ.

DÉPOT DES STATUTS.

Les statuts de la Société et le règlement pour les proprié·
taires preneurs de cheptels sont déposés au greffe du tribu-
nal de commerce de la Seine, pour la constitution légale
de la Société.

Un extrait conforme en sera également déposé au greffe
des tribunaux de commerce des chefs-lieux des départements formant la circonscription de la Société.

Il en sera de même pour toute pièce officielle établissant
des modifications aux statuts. Nous donnons ici les bases
fondamentales des statuts.

§ I. — CONSTITUTION DE LA SOCIÉTÉ.

Article 1ᵉʳ. — Il est formé une Société ayant pour but:

1º Le placement de capitaux sur contrats de cheptels
vivants ;

2° Le crédit agricole aux cheptels vivants, c'est-à-dire le
crédit au bétail et aux animaux nécessaires à l'agriculture ;

3º L'amélioration des races de bétail et la propagation
des bonnes méthodes d'allaitement, d'élevage, d'engraisse
ment et d'hygiène ;

4° La destination finale et la vente du bétail et animaux compris dans les contrats de cheptel.

Art. 2. — La Société a en vue les départements du centre de la France qui constituent, en animaux de boucherie, l'approvisionnement extrême de Paris, et nominativement, à son début, les trois départements de la Haute-Vienne, de la Corrèze et de la Dordogne.

Elle ne peut étendre ses opérations au delà de cette circonscription sans une délibération préalable de l'assemblée générale, prise sur la proposition du directeur-gérant.

Art. 3. — La Société prend la dénomination de *Société agricole des cheptels vivants*.

Art. 4. — La durée de la Société est fixée à vingt années à partir du jour de sa constitution.

Art. 5. — Le siége social est fixé à Paris.

Le directeur-gérant, ou un mandataire autorisé par lui, réside sur les lieux où sont effectuées les opérations actives de la Société.

Art. 6. — La Société fait deux opérations de cheptels :

1° Des cheptels meubles, qui sont renouvelés ou déplacés plusieurs fois dans le cours de l'année, et qui ont en vue l'engraissement ou le croît de jeunes animaux de revente ;

2° Des cheptels immeubles par destination, qui sont engagés pour deux et trois ans, et plus, s'il y a lieu, et qui ont en vue l'élevage.

Un règlement annexé aux présents statuts fixe les conditions pratiques relatives aux placements des cheptels, et aux contrats à intervenir.

Art. 7. — La Société place en cheptel toute espèce d'animaux utiles au pays et profitables à ses intérêts, tant de la race ovine et porcine que de la race chevaline et bovine.

§ II. — DU CAPITAL SOCIAL.

Art. 8. — Le capital social est fixé à cinq cent mille francs, divisés en deux mille actions de deux cent cinquante francs chacune.

Art. 9. — La Société sera constituée dès que deux cents actions seront souscrites.

Cette constitution sera constatée par une déclaration du directeur-gérant, faite dans les formes voulues par la loi.

Art. 10. — La souscription des actions se fait soit à Paris, soit dans les départements entre les mains du directeur-gérant ou de ses mandataires.

Les souscriptions sont reçues à partir du 1er juin 1852.

Art. 11. — Le paiement des actions n'a lieu qu'après la constitution définitive de la Société, entre les mains du ou des banquiers désignés par le directeur-gérant.

Art. 12. — Les versements ont lieu ainsi que suit :

1° Cent francs seront versés dans le premier mois de la constitution de la Société ;

2° Cent cinquante francs seront versés dans les trois mois qui suivront la constitution de la Société.

Art. 13. — Tout souscripteur est reçu à se libérer intégralement du montant de sa souscription, en anticipant les époques précitées.

Il lui sera tenu compte d'un intérêt de 5 pour 100 pour les sommes payées par anticipation, jusqu'au jour où la Société entrera en fonctionnement.

Art. 14. — Tout souscripteur qui, aux époques fixées, n'effectue pas son versement, peut y être contraint judiciairement par le directeur-gérant.

Art. 15. — La Société pourra entrer en fonctionnement dès qu'elle aura réalisé une somme de cinquante mille francs, soit par le versement complet des deux cents premières actions, soit par versements partiels des actions souscrites.

Art. 16. — Il est délivré à chaque souscripteur un récépissé provisoire sur lequel sont inscrits les versements partiels jusqu'à parfait paiement de chaque action.

Les titres définitifs des actions ne sont délivrés aux souscripteurs qu'après le parfait versement de chaque action.

Les actionnaires ne peuvent être engagés au delà du montant de leurs souscriptions.

Art. 17. — Les actions sont extraites d'un registre à souche et numérotées de 1 à 2,000 pour le capital de 500,000 francs.

Les actions sont frappées du timbre sec de la Société, et signées par le directeur-gérant de la Société.

Elles portent l'élection de domicile du souscripteur.

Art. 18. — Chaque action est indivisible à l'égard de la Société.

Toute action est donc représentée par un seul actionnaire.

Art. 19. — Les actions sont nominatives et transmissibles par voie de transfert.

La déclaration de transfert, pour être valable, devra être faite au siége social, et transcrite sur un registre spécial tenu à cet effet.

Art. 20. — Le titre de toute action transférée sera échangé contre un nouveau titre au nom du cessionnaire et portant le même numéro.

La cession de toute action entraîne de droit la cession des intérêts échus et non encore payés.

Art. 21. — Les héritiers ou ayants cause des actionnaires ne peuvent faire apposer les scellés sur les livres et valeurs de la Société, ni les frapper d'opposition et de saisie, ni requérir inventaire ni licitation.

Le dernier inventaire sert de base à la fixation de leurs droits.

Art. 22. — Chaque action a droit :

1° A un intérêt de cinq pour cent de sa valeur nominale ;

2° A une répartition proportionnelle dans les bénéfices nets de la Société ;

3° A 1/2000° (*un deux-millième*) dans l'actif de la Société.

Art. 23. — L'intérêt est payé à la fin de chaque semestre, à partir du 1ᵉʳ janvier 1853.

Les intérêts du premier semestre ne seront payés qu'après un intervalle de six mois à dater de la constitution de la Société.

Art. 24. — Les dividendes ne sont payés qu'à la fin de chaque année, après l'approbation des comptes par l'assemblée générale.

Art. 25. — La part afférente à chaque action dans l'actif de la Société ne peut être exigée qu'après sa dissolution et sa liquidation régulière.

Art. 26. — Le capital social peut être successivement augmenté, selon le développement des opérations de la Société.

Aucune augmentation du capital social ne peut avoir lieu sans une délibération préalable de l'assemblée générale, prise sur la proposition motivée du directeur-gérant.

§ III. DISTRIBUTION DES BÉNÉFICES. INVENTAIRE. ARCHIVES.

Art. 27.—Les produits bruts des opérations de la Société se composent de :

La différence réalisée entre l'achat et la vente, c'est-à-dire du croit des animaux et du bénéfice provenant de leurs ventes.

Art. 28. — Ces produits se divisent ainsi qu'il suit :

Deux tiers appartiennent au preneur ;

Un tiers seulement appartient à la Société.

Art. 29. — Les pertes, s'il y en a, sont supportées dans la même proportion.

Art. 30. — La proportion qui précède n'est fixée que provisoirement.

Après une expérience d'une année au moins et de deux années au plus, l'assemblée générale sera appelée à délibérer, en connaissance de cause, sur la proportion définitive à adopter.

Art. 31. — Les frais généraux sont prélevés, avant tout partage de bénéfices, sur le tiers des produits appartenant à la Société.

Art. 32. — Sont considérés comme frais généraux :

1° Les loyers, frais des bureaux et frais d'administration générale, y compris les appointements des employés et agents, et les remises des banquiers ;

2° Les intérêts des actions ;

3° Les parts proportionnelles attribuées au directeur-gérant pour l'administration.

Art. 33. — Ce qui reste après le prélèvement des frais généraux constitue le bénéfice net de la Société.

Ce bénéfice net est distribué entre tous les actionnaires proportionnellement à leurs droits, déduction faite du prélèvement indiqué ci-après.

Art. 34. — Un fonds de réserve est destiné à parer aux éventualités qui pourraient survenir.

La quotité annuelle à prélever pour former ce fonds de réserve sera fixée par la première assemblée générale.

Quand il aura atteint le dixième du capital social, on ne fera plus en sa faveur de prélèvement au budget courant.

On ne procédera à un nouveau prélèvement que dans le cas où le fonds de réserve serait employé ou entamé, et ce jusqu'à concurrence du dixième du fonds social.

Le fonds de réserve pourvoit jusqu'à épuisement aux pertes et charges imprévues de la Société.

Art. 35. — Chaque année, et à la fin de la première année en particulier, l'inventaire des valeurs actives et passives de la Société est dressé par les soins du directeur-gérant, et communiqué par lui au comité de surveillance quinze jours avant l'assemblée générale annuelle.

Le comité présente ses observations au directeur-gérant dans les huit jours qui suivent, et au moins cinq jours avant l'assemblée générale.

Art. 36. — Seront déposés aux archives de la Société :

1° Toutes les pièces de comptabilité ;

2° Les expéditions de contrats et pièces qui peuvent intéresser les propriétaires preneurs ;

3° Les rapports du directeur-gérant, de l'inspecteur ou de tout autre agent autorisé ;

4° Toutes les pièces qui peuvent intéresser la Société ou les administrations publiques.

§ IV. — DE L'ADMINISTRATION.

1° De la direction.

Art. 37. — Le directeur-gérant a la direction et l'administration entière des affaires et des opérations de la Société.

Il intervient en son nom et la représente dans toute action judiciaire ou administrative, et en toute circonstance.

Il ne peut contracter aucun emprunt pour le compte de la Société.

Art. 38. — Le directeur-gérant nomme tous les employés et agents, détermine leurs traitements, salaires ou parts bénéficiaires.

Il a le droit de les révoquer.

Art. 39. — Le directeur-gérant a sous ses ordres un inspecteur, dont le service spécial est stipulé dans les statuts.

Il désigne un ou plusieurs banquiers, qui reçoivent et payent pour le compte de la Société.

Il a un caissier qui est chargé de la caisse sociale et de la comptabilité.

Il se fait représenter à Paris par un agent, qui prend le titre de secrétaire général.

Art. 40. — Le banquier désigné perçoit le montant partiel ou intégral des actions.

Il remet, sur récépissé, à l'inspecteur ou à tout agent autorisé, les sommes destinées à l'acquisition des animaux.

Il encaisse, s'il y a lieu, le montant des ventes, que le versement soit effectué directement par l'acheteur, ou qu'il ait lieu par l'intermédiaire de l'inspecteur ou de tout agent autorisé.

Il tient à la disposition du directeur-gérant, sur sa demande, les sommes nécessaires à l'administration, et ce dans les limites de l'actif de la Société.

Il adresse tous les mois au directeur-gérant un état de situation de sa caisse, relativement aux affaires de la Société.

Art. 41. — Le caissier réside près du directeur-gérant.

Il encaisse les sommes qui sont versées à la caisse sociale, soit par les banquiers de la Société, soit par l'inspecteur ou tout autre agent, soit par tout créancier de la Société.

Il paye ou fait payer sur mandat du directeur-gérant, les intérêts des actions, les appointements fixes ou proportionnels des agents ou employés, et les dividendes de fin d'année; il acquitte tous les frais d'administration et toutes les charges de la Société.

Il tient la comptabilité et les archives de la Société.

Il reçoit et enregistre les bordereaux des ventes.

Il dresse les états de situation de la Société.

Les livres et registres sont communiqués sans déplacement au comité de surveillance ou à son mandataire.

Art. 42. — Le secrétaire général réside à Paris, au siége social.

Il enregistre les souscriptions.

Il reçoit les réclamations des actionnaires et toutes communications du directeur-gérant qui peuvent intéresser la Société.

Il surveille les ventes d'animaux qui se font sur les marchés de Paris ou de la banlieue, et veille à ce que les versements s'opèrent conformément aux prescriptions du directeur-gérant.

Il se maintient en relations permanentes avec le comité de surveillance et rend compte au directenr-gérant de toutes les circonstances utiles.

Art. 43. — Le banquier de la Société sera désigné dès que la Société sera constituée.

Le caissier et le secrétaire général ne seront nommés qu'en temps utile, et, dans tous les cas, après le fonctionnement de la Société.

Art. 44. — Les agents secondaires, permanents ou momentanés, ne seront nommés que progressivement et conformément aux besoins de la Société.

L'opportunité de leur nomination sera constatée sur la proposition du directeur-gérant, et sur l'avis du comité de surveillance.

Il en sera de même pour les appointements qui leur seront accordés.

Art. 45.—Le directeur-gérant surveille et contrôle toutes les opérations des agents de la Société.

Art. 46. — Il ordonnance et délivre des mandats sur les crédits ouverts sur le banquier, après avis préalable, s'il y a lieu, ainsi que les paiements à effectuer par le caissier.

Art. 47. — Il dresse, au moment des ventes, un état de situation de chaque preneur, et le remet à l'inspecteur ou à l'agent autorisé, pour servir de point de départ aux bordereaux des ventes.

Cet état de situation indique les prix d'acquisition des animaux à vendre, les conditions spéciales du contrat, s'il y en a, et les reprises à exercer contre le vendeur, s'il en existe.

Art. 48. — Le directeur-gérant soumet tous les trois mois, et chaque année avant l'assemblée générale, un état de situation au comité de surveillance, et lui fournit tous les renseignements utiles.

Il présente le budget à l'assemblée générale et lui adresse un rapport d'ensemble sur les opérations annuelles de la Société.

Art. 49. — Les frais de bureau et de correspondance sont à la charge du directeur-gérant.

Art. 50. — Le directeur-gérant est tenu de souscrire personnellement, à titre de garantie, quarante actions de la Société.

Art. 51. — Le directeur-gérant, étant personnellement responsable envers la Société, peut exiger de la part de l'inspecteur, ou de la part de tout agent ayant momentanément le maniement des fonds, toute garantie qu'il juge nécessaire.

Art. 52. — Le directeur-gérant ne perçoit aucun appointement fixe, à moins qu'il n'en soit décidé autrement, sur sa demande, après avis du comité de surveillance, par l'assemblée générale.

Art. 53. — Pour rémunérer ses soins et peines, pour subvenir aux frais sus-indiqués et aux charges ci-après, il est accordé au directeur-gérant une part proportionnelle à prendre sur les bénéfices bruts de la Société.

Cette part proportionnelle est fixée à 5 pour 100 des capitaux engagés, jusqu'à concurrence des 500,000 francs portés à l'article 8, et attribuée aux frais généraux, comme il est dit à l'article 32.

Cette proportion pourra être modifiée d'après les résultats des opérations, dans le cas où le capital social serait augmenté, comme il est indiqué à l'article 26.

Art. 54. — Le directeur-gérant est chargé, sur les 5 pour 100 qui lui sont attribués, de rémunérer l'inspecteur, le caissier et le secrétaire général.

Art. 55. — Le directeur-gérant ne peut se démettre de ses fonctions sans autorisation de l'assemblée générale.

Il a le droit de présenter un remplaçant, mais il ne peut l'imposer qu'en demeurant personnellement responsable.

Art. 56. — Le directeur-gérant peut, en cas de besoin, s'adjoindre un codirecteur fondé de pouvoirs, sans que la raison sociale soit changée par le fait de cette adjonction.

Art. 57. — En cas de décès ou de vacance, les héritiers ou ayants droit du directeur-gérant doivent présenter en son lieu et place un gérant à l'agrément de l'assemblée générale, convoquée à cet effet.

Le nouveau directeur-gérant jouira des mêmes droits que son prédécesseur ; la raison sociale prendra son nom.

Dans tous les cas, les héritiers ou ayants droit du directeur-gérant s'en rapporteront, comme les actionnaires, au dernier inventaire de la Société.

2° De l'inspection.

Art. 58. — L'inspecteur est nommé par le directeur-gérant et agit par ses ordres dans l'intérêt de la Société.

Art. 59. — L'inspecteur a pour mission :

1° De visiter les étables des propriétaires qui demandent des cheptels ;

2° De remplacer le directeur-gérant, s'il y a lieu, dans le passement des contrats ;

3° D'opérer les acquisitions conformément aux contrats, s'il est le mandataire des preneurs, ou de les surveiller, si le preneur acquiert directement ;

4° De visiter les animaux avant livraison ;

5° De payer le montant des acquisitions ;

6° D'inspecter les étables des preneurs, pour surveiller l'exécution des conditions stipulées;

7° D'agréer au nom du directeur-gérant les changements de destination des animaux ;

8° D'opérer ou faire opérer les ventes dans les foires et marchés locaux, ou de présider aux expéditions et aux départs, si les animaux sont expédiés au loin ;

9° De faire le compte du preneur et de lui payer sa part de bénéfice, conformément au bordereau dressé par lui, et de remettre les bordereaux au caissier;

10° De toucher le montant des ventes locales et de le verser entre les mains du ou des banquiers de la Société ou du caissier ;

11° D'adresser au directeur-gérant les procès-verbaux de situation de chaque preneur, et des rapports réguliers sur ses tournées de visite et de surveillance, en tout ce qui peut intéresser la Société et favoriser l'amélioration des races.

Art. 60. — L'inspecteur agit par lui-même ou par un délégué.

Ce délégué est présenté par lui, mais agréé et nommé par le directeur-gérant.

Art. 61. — L'inspecteur a un domicile réel dans l'un des trois départements.

Au moment de ses tournées, il reçoit son itinéraire du directeur-gérant, et lui fait connaître les déviations que le service entraîne, afin qu'on sache toujours où il est à un jour donné.

Art. 62. — Les frais de déplacement et de visite, les frais de bureau, en un mot tous les frais personnels qu'entraîne le service de l'inspection, dans les termes et limites de l'article 59, demeurent à la charge de l'inspecteur.

Art. 63. — Pour le couvrir de ses frais, ou à titre d'émolument pour lui et son délégué, et comme rémunération de ses services incessamment actifs, le directeur-gérant alloue à l'inspecteur 2 p. 100 à prendre sur les 5 p. 100 qui lui sont attribués par l'article 53.

§ V. — DU COMITÉ DE SURVEILLANCE.

Art. 64. — Les actionnaires, dans leurs rapports avec l'administration, sont représentés par un comité de surveillance, composé de cinq membres, un président, un secrétaire et trois membres ordinaires, nommés par l'assemblée générale à la majorité des voix.

Un comité provisoire sera désigné dès que la Société sera constituée.

Art. 65. — Le président et le secrétaire sont nommés pour trois ans ; ils peuvent être réélus.

Les autres membres se renouvellent chaque année ; ils peuvent être réélus.

Art. 66. — Pour être élu membre du comité de surveillance, il faut posséder au moins huit actions.

Art. 67. — Les fonctions de membre du comité donnent droit à des jetons de présence, dont la quotité est fixée par l'assemblée générale.

Ces jetons ne seront perçus que lorsque le chiffre des souscriptions aura dépassé deux cent mille francs.

Art. 68. — En cas de démission ou de décès, le comité s'adjoint un membre provisoire, pris parmi les actionnaires, jusqu'à l'époque de l'assemblée générale la plus rapprochée.

Art. 69. — Le comité se réunit une fois par mois, et toutes les fois qu'il est convoqué par son président, ou par le directeur-gérant, ou en son nom par le secrétaire général autorisé.

Art. 70. — Les décisions du comité sont prises à la majorité des voix présentes.

En cas de partage, la voix du président est prépondérante.

Art. 71. — Le comité de surveillance est chargé :

1° De veiller à l'exécution des statuts de la Société ;

2° De surveiller les actes du directeur-gérant ;

3° De recevoir directement, ou par le secrétaire général, communication des pièces qui peuvent intéresser la Société et les rapports de situation;

4° De vérifier la comptabilité;

5° De se faire représenter, à cet effet, tous les livres et registres et pièces à l'appui, sans déplacement;

6° De déléguer, s'il le veut, un de ses membres pour exécuter cette inspection et lui en faire un rapport;

7° De présenter aux assemblées générales un rapport sur les comptes annuels de la Société;

8° De défendre les actionnaires dans les contestations avec le directeur-gérant.

Art. 72. — Le comité de surveillance peut convoquer exceptionnellement une assemblée générale des actionnaires en cas de besoin, après en avoir prévenu légalement le directeur-gérant, et lui avoir donné avis du motif de la convocation.

§ VI. — DES ASSEMBLÉES GÉNÉRALES.

Art. 73. — Tout possesseur d'action a le droit d'assister aux assemblées générales, soit directement, soit par mandataire.

Ne sont admis à délibérer que les porteurs ou les mandataires de quatre actions au moins appartenant à un ou plusieurs actionnaires.

Tout mandataire n'est admis qu'autant qu'il est lui-même actionnaire.

Art. 74. — Chaque actionnaire ou mandataire a autant de voix qu'il a de fois quatre actions.

Les délibérations se prennent à la majorité des voix présentes ou représentées.

Art. 75. — Les assemblées générales se tiennent à Paris; elles ont lieu sur la convocation du directeur-gérant, pour les assemblées ordinaires, et sur la convocation du président du comité de surveillance ou du directeur-gérant, pour les assemblées extraordinaires.

Art. 76. — Sont réputées assemblées générales ordinaires, les assemblées générales de fin d'année, qui sont de droit, et toutes celles qui se tiennent à des époques périodiques ou celles qui sont fixées exceptionnellement par un vote.

Sont réputées assemblées générales extraordinaires toutes celles qui ont lieu d'urgence ou par un motif imprévu.

Art. 77. — Une première assemblée générale exceptionnelle aura lieu trois mois après la constitution définitive de la Société pour déterminer et régulariser, sur le rapport du directeur-gérant, les questions laissées en suspens, et nommer le comité de surveillance définitif.

Art. 78. — Le bureau se compose :

D'un président, d'un secrétaire et de trois scrutateurs.

Le président du comité de surveillance est de droit président.

En cas d'absence ou d'empêchement, l'assemblée choisit son président.

Le président choisit le secrétaire.

Les trois scrutateurs sont nommés par l'assemblée générale.

Art. 79.— Les assemblées générales ordinaires ont pour but :

1º D'entendre le rapport de comptabilité présenté par le comité de surveillance ;

2º D'arrêter les comptes et inventaires annuels, de voter sur les dividendes à répartir et sur l'emploi des fonds de réserve ;

3º D'entendre le rapport des opérations matérielles et techniques de la Société présenté par le directeur-gérant ou le secrétaire général, ou tout autre mandataire;

4º De procéder à la nomination des membres du comité de surveillance ;

•5º De délibérer sur toute proposition qui peut intéresser la Société, et sur toutes les modifications à apporter aux statuts, avec l'assentiment du directeur-gérant.

Art. 80. — Pour les assemblées générales extraordinaires, le président du comité de surveillance ou le directeur-gérant doivent spécifier, dans la lettre de convocation, le motif qui les a dirigés et l'objet qui sera mis en délibération.

Art. 81. — Le directeur-gérant a toujours le droit de se faire entendre avant la clôture de la discussion et avant toute délibération.

Le secrétaire général qui le représente a droit d'assister aux réunions et de prendre la parole; il ne peut prendre part au vote s'il n'est pas actionnaire.

Art. 82. — Toute délibération de l'assemblée générale est inscrite sur un registre spécial.

Elle entraîne de droit obligation pour tous les actionnaires, absents ou dissidents, quel que soit le nombre des votants.

§ VII. — DISSOLUTION DE LA SOCIÉTÉ. CONTESTATIONS.

Art. 83. — La dissolution anticipée de la Société ne peut être prononcée que par l'assemblée générale, et après l'épuisement du fonds de réserve et la perte constatée du quart du capital social.

Art. 84. — La dissolution de la Société a lieu de droit à l'expiration de la vingtième année, à moins de prorogation expresse prononcée par l'assemblée générale.

Art. 85. — La liquidation est faite par le directeur-gérant, sous la surveillance d'un comité délégué par l'assemblée générale, avec pouvoirs définis à cet effet.

Art. 86. — Les contestations entre le directeur-gérant et les actionnaires, ou entre les actionnaires eux-mêmes au sujet des affaires de la Société, sont décidées par des arbitres choisis amiablement ou nommés par les présidents des tribunaux de commerce, à la requête de la partie la plus diligente.

Ces arbitres décident comme amiables compositeurs et en dernier ressort, dans toutes les limites de la loi.

RÈGLEMENT

Pour les propriétaires preneurs.

Article 1er. — Tout propriétaire ou fermier qui veut prendre des bestiaux à cheptel doit s'adresser au directeur-gérant, qui prend la demande en considération, ou la repousse si les pièces sont incomplètes ou insuffisantes.

Art. 2. — Pour être prises en considération, les propositions doivent indiquer le nom et la demeure du demandeur, la nature du sol et des cultures, la quantité et la qualité des fourrages récoltés, le nombre, l'espèce, la race et la destination des animaux qu'il peut ou qu'il veut entretenir, l'époque où il veut acquérir, et l'époque présumable où il veut et peut vendre avec bénéfice.

Les propositions doivent être accompagnées :

1° D'un certificat du maire de la commune ou du juge de paix du canton, constatant que la propriété appartient au demandeur ou qu'il a le droit d'en disposer;

2° D'un certificat de moralité, prouvant implicitement que le demandeur est incapable de vendre ou de changer les animaux qui lui sont confiés, ainsi que de les exténuer par excès de fatigue, mauvais traitements ou nourriture insuffisante.

Art. 3. — Si sa position est notoirement connue, le demandeur pourra être dispensé de produire les certificats qui précèdent, et sa proposition pourra être prise en considération par le directeur-gérant, sous sa responsabilité personnelle.

Art. 4. — Si la prise en considération a lieu, le directeur gérant prévient l'inspecteur ou un agent autorisé, et lui donne mission de visiter les lieux, pour s'assurer de la véracité des faits énnocés dans la proposition.

Sur le rapport motivé de l'inspecteur ou de l'agent, le directeur-gérant refuse ou admet définitivement le demandeur.

Art. 5. — En cas de dissentiment, et sur la réquisition du demandeur, le directeur-gérant pourra se transporter lui-même sur les lieux, avant de prononcer un refus définitif.

Mais, dans ce cas, le déplacement du directeur-gérant demeurera aux frais du demandeur.

Art. 6. — Si le demandeur est admis, le directeur-gérant lui délivre un modèle d'acte avec une autorisation en règle de passer un contrat de cheptel.

L'autorisation mentionne les conditions spéciales convenues entre le directeur-gérant et le demandeur, soit pour la durée du contrat, soit pour l'espèce, la race ou la destination des animaux, soit pour le mode et l'époque présumée des ventes.

Le directeur-gérant inscrit par numéro d'ordre la demande, l'autorisation, la date du contrat et le nom du notaire qui l'a passé.

Art. 7. — Le demandeur, muni de son autorisation, passe son contrat chez le notaire de son choix, en présence de l'inspecteur ou de tout agent délégué.

Une expédition de l'acte est remise par le demandeur au directeur-gérant.

Art. 8. — Aucun notaire ne saurait être exclu; toute désignation spéciale à cet égard est interdite.

Art. 9. — Si le directeur-gérant le juge convenable, il peut autoriser, sous sa responsabilité, des contrats sous seing privé, passés devant lui ou un agent délégué.

En cas de contestation, les frais qui en résultent seront à la charge du demandeur.

Art. 10. — Si l'acte a en vue le placement de cheptels sur biens exploités par métayers, ou colons partiaires, ou fermiers, le métayer, ou le colon, ou le fermier devront intervenir, aussi bien que le propriétaire, pour garantir l'exécution du contrat vis-à-vis la Société, et régler leurs intérêts réciproques quant au partage des bénéfices.

Art. 11. — Sur ordonnancement du directeur-gérant, le banquier de la Société met à la disposition de l'inspecteur ou de son délégué, ou d'un agent autorisé, les sommes nécessaires pour l'acquisition des animaux portés dans le contrat de cheptel.

Ceux-ci remettent au banquier de la Société un récépissé des sommes reçues. Ce récépissé indique le nom et la demeure du contractant.

Art. 12. — L'inspecteur, ou son délégué, ou l'agent autorisé, se rendent dans les foires ou marchés désignés, ou dans les centres de production, pour y choisir et acquérir les animaux.

Si le demandeur a confiance dans l'inspecteur, il peut lui donner mandat d'acquérir pour lui; sinon, le demandeur est libre de choisir lui-même et de débattre le prix, dans les termes et limites de son contrat.

Dans tous les cas, l'achat n'est valable qu'après la visite de l'inspecteur.

Cette visite a pour but de sauvegarder les intérêts de la Société, en refusant les animaux tarés ou impropres au service prévu par le contrat de cheptel.

Art. 13. — L'inspecteur tient note du jour, du prix d'acquisition et des diverses circonstances utiles.

Les animaux acquis sont numérotés sur un registre d'ordre, où l'espèce, la race, l'âge, la couleur, la conformation et les marques distinctives sont inscrits, pour prévenir, d'une part, toute fraude ou enlèvement, et, d'autre part, pour servir d'élément à l'amélioration des races.

Art. 14. — Le preneur demeure tenu de nourrir et de soigner ses animaux conformément aux conditions stipulées dans son contrat.

Il ne peut, sans avis préalable de l'inspecteur ou d'un agent autorisé, changer la destination finale de ses animaux.

Il ne peut ni les vendre ni les échanger sans encourir les peines prévues par la loi.

Il ne peut ni abuser de leurs forces, ni les maltraiter, ni les employer à des services étrangers à son exploitation, sans être passible de dommages-intérêts.

Le preneur, du moment que son étable a été visitée, ne peut vendre son foin, sans avis préalable, jusqu'au moment de la vente des animaux qui lui sont confiés, à moins qu'il ne se soit réservé expressément cette faculté pour une quantité déterminée.

Art. 15. — Le preneur est tenu, aux époques de la saillie, de se conformer aux prescriptions de son contrat, et de faire choix de l'étalon désigné, ou du meilleur étalon de son voisinage, s'il n'y en a pas de désigné.

Le preneur tiendra note du jour de la saillie de chaque animal, et devra indiquer l'étalon, bélier, ou verrat dont il s'est servi.

Ces circonstances seront signalées par lui à l'inspecteur.

Art. 16. — Le preneur laissera visiter son étable par l'inspecteur, toutes les fois que ce dernier le désirera, et lui fournira tous les renseignements utiles sur les animaux qui lui sont confiés.

Art. 17. — En cas d'épizootie, ou de maladie individuelle, ou d'accident grave, le preneur est tenu de prévenir tout de suite le directeur-gérant, et de faire venir dans le plus bref délai le vétérinaire désigné.

Si l'inspecteur est sur les lieux ou dans le voisinage, le preneur devra également le prévenir.

Art. 18. — Le preneur est tenu de faire constater par les autorités locales les cas de mort ou d'accident grave, ainsi que les sinistres, et d'en donner immédiatement avis au directeur-gérant et à l'inspecteur, s'il est sur les lieux ou dans le voisinage.

Art. 19.—Le directeur-gérant fait vérifier par l'inspecteur l'état des choses, s'il y a lieu, tient note du rapport de l'inspecteur et prend toute mesure d'urgence dans l'intérêt de la Société.

Art. 20.—La négligence constatée du preneur entraînerait des dommages-intérêts proportionnés au préjudice causé à la Société.

Art. 21.—En cas de danger ou de dépérissement de l'animal, volontaire ou non, ainsi qu'en cas de stérilité constatée, l'inspecteur peut exiger la vente immédiate de l'animal dans les foires ou marchés les plus rapprochés ou sur les lieux mêmes.

Art. 22.—Sur le rapport motivé de l'inspecteur, indiquant que le preneur n'a pas exécuté les conditions de son contrat et a compromis les intérêts de la Société, le directeur-gérant, après avoir reçu les explications du preneur, peut prononcer l'annulation du contrat de cheptel ou refuser de le renouveler, et ce, nonobstant les dommages-intérêts à réclamer.

Le contrat de cheptel prévoit cette faculté.

Art. 23. — Si les litiges et les dommages-intérêts ne peuvent être réglés directement, ils seront soumis à l'appréciation de deux experts amiables nommés, l'un par le directeur-gérant, l'autre par le preneur.

Si les deux experts ne peuvent s'entendre, les questions seront portées devant un tiers expert désigné par le juge de paix du canton du preneur.

Ce tiers expert jugera en dernier ressort dans les limites de la loi.

Art. 24. — Le directeur-gérant usera, dans l'intérêt de la Société, des droits que lui confère la loi contre tout preneur qui aurait vendu ou changé, de son propre mouvement et sans autorisation, les animaux qu'il aurait à cheptel.

Art. 25. — Pour toutes les conditions qui ne sont pas stipulées aux présents statuts, le directeur-gérant s'en référera aux articles du Code civil qui régissent la matière.

Art. 26. — Le directeur-gérant adresse, avant l'époque des ventes, à l'inspecteur ou à l'agent autorisé, un état indicatif des conditions du contrat et des prix d'acquisition, ainsi que des reprises à exercer à l'égard de chaque preneur.

Art. 27. — Aux époques fixées, les animaux sont vendus et remplacés, soit par des animaux de même espèce, soit par d'autres animaux, conformément aux clauses du contrat.

Art. 28. — Les animaux sont vendus dans les foires ou marchés du pays ou envoyés dans les pays circonvoisins, s'il s'agit d'animaux de travail ou de reproduction.

Les animaux sont envoyés directement à Paris, s'il s'agit

d'animaux de boucherie, et lorsqu'il n'est pas plus avantageux de les vendre localement.

Art. 29. — Pour la vente comme pour l'acquisition, l'inspecteur, qui doit la surveiller ou l'accomplir par lui-même, ou par son délégué, ou bien l'agent autorisé, a soin de réunir dans les mêmes foires ou marchés, ou pour les mêmes expéditions, un certain nombre d'animaux provenant ou non du même propriétaire, et de faire ce qu'on appelle des bandes, afin d'éviter les frais de déplacement et de conduite.

Art. 30. — Le directeur-gérant cherchera à organiser, à Paris ou dans les grands centres de consommation, des systèmes réguliers de vente et de placement des animaux, tant dans l'intérêt des preneurs eux-mêmes et de la Société qu'en vue d'augmenter, par la certitude du placement et du prix réel, le nombre des animaux entretenus dans la circonscription de la Société.

Art. 31. — Si la vente s'effectue dans les foires et marchés du pays, le montant en est perçu par l'inspecteur ou son délégué, ou par un agent autorisé, qui demeurent personnellement responsables jusqu'à ce qu'ils aient versé la somme entre les mains du banquier de la Société ou de son mandataire le plus voisin du lieu de la vente, ou du caissier.

Si la vente s'effectue à Paris ou dans les grands centres de consommation, le montant est versé directement entre les mains du banquier de la Société ou de son mandataire.

Art. 32. — La part de bénéfice afférente à chaque preneur est comptée, ou par l'inspecteur, ou par l'agent autorisé, au preneur lui-même ou à son mandataire, conformément au bordereau dressé par l'inspecteur ou par l'agent autorisé.

Art. 33. — Ce bordereau est réglé par l'inspecteur ou par l'agent autorisé, d'après l'état mentionné à l'article 26 et le prix de la vente.

Art. 34. — L'inspecteur ou l'agent autorisé tient note de toutes les circonstances de la vente et l'adresse au directeur-gérant.

Art. 35. — En cas de décès du preneur, de partage de biens, de cessation forcée de fermage ou de jouissance, le directeur-gérant peut prononcer l'annulation du contrat et faire procéder à la vente des animaux dans le plus bref délai possible, à moins que le successeur ou les ayants-droit ne consentent à exécuter à leur compte les conditions du contrat.

Art. 36. — En cas de mortalité, la perte survenue sur le bétail est supportée par la Société et par le preneur dans la proportion du partage des intérêts, à moins de conventions spéciales.

Art. 37. — L'inspecteur est tenu, tous les ans, d'adresser au directeur-gérant un rapport sur l'ensemble des opérations, et de lui signaler les faits qui peuvent intéresser la Société et tendre à l'amélioration des races et à la propagation des bonnes méthodes.

RÈGLEMENT ADMINISTRATIF

Pour l'amélioration des races de bétail.

Art. 1ᵉʳ. — Il est créé dans chacun des trois départements, la Haute-Vienne, la Corrèze et la Dordogne, formant la circonscription de la Société agricole des cheptels vivants, un comité départemental, dit *comité d'encouragement et d'amélioration des races de bétail.*

Art. 2. — Chacun de ces comités a pour but :

1° De rechercher et d'indiquer quelles sont les espèces et races de bétail qui concordent le mieux avec la nature du sol, les nécessités de cultures et la qualité des fourrages du département qu'il représente.

2° De rechercher et d'indiquer quelles sont les destinations transitoires ou finales des animaux qui concordent le mieux avec les besoins et les intérêts locaux.

3° De rechercher et d'indiquer quels sont les débouchés existant qui offrent le plus d'avantages au département, pour chaque espèce, chaque race ou chaque destination.

4º De rechercher et d'indiquer quels sont les meilleurs moyens d'influence ou de récompense pour propager les bonnes méthodes ou les bonnes races.

Art. 3. — Chaque comité départemental se compose de cinq membres au moins et de neuf membres au plus, ainsi qu'il suit :

Le directeur de la Société, président ;

La moitié des membres désignés par le préfet ;

La moitié des membres désignés par la Société.

Tout membre des comités doit être propriétaire ou fermier dans le département pour lequel il est désigné.

Art. 4. — Après délibération sur l'opportunité actuelle de la mesure, si les comités départementaux estiment qu'il est bon et utile d'étudier comparativement les intérêts des trois départements, et d'agir avec ensemble et dans un but d'amélioration commune basé sur les ressemblances des races et des cultures, il sera créé un comité supérieur d'encouragement et d'amélioration des races pour les trois départements.

Ce comité supérieur sera composé :

De deux membres de chaque comité local ;

De deux membres nommés par le ministre compétent ;

Et sera présidé par le directeur de la Société.

Art. 5. — Un règlement particulier, approuvé par le préfet pour chaque comité départemental, et par le ministre, s'il y a lieu, pour le comité supérieur, déterminera le fonctionnement des comités.

Art. 6. — Les comités départementaux tiendront leurs séances habituelles dans le chef-lieu, et accidentellement partout où leur action pourra devenir utile.

Le comité supérieur tiendra ses séances habituelles, à tour de rôle, dans chaque chef-lieu de préfecture, et accidentellement dans chaque chef-lieu du département dont les intérêts particuliers seraient en jeu.

Art. 7. — Les comités départementaux et supérieur n'agissent qu'à titre consultatif.

Leurs délibérations sont enregistrées par le secrétaire,

communiquées aux préfets et au gouvernement, et un double en est déposé aux archives de la Société.

Art. 8. — Le directeur, sans se soumettre aveuglément aux délibérations des comités, fera tous ses efforts pour les faire concorder avec les intérêts matériels de la Société, et, autant que possible, se servira de ces délibérations comme base des conditions à imposer aux preneurs de cheptels.

Art. 9. —— Néanmoins les propriétaires preneurs gardent, à l'égard des délibérations des comités, toute leur liberté d'action, et ne sont pas impérieusement tenus de se conformer à leurs prescriptions.

Mais, dans ce cas, les preneurs demeurent en dehors des avantages qui pourront être accordés aux producteurs ou possesseurs d'animaux par l'entremise et l'initiative du comité.

Art. 10. — Le gouvernement et les préfets seront priés par les comités ou par la Société de consacrer une partie des fonds dont ils disposent à l'effet d'encourager et d'appliquer par des primes ou récompenses les délibérations des comités.

Art. 11. — Le directeur général fera connaître aux comités les résultats obtenus qui seraient de nature à les éclairer et à les diriger dans l'œuvre de l'amélioration.

Art. 12. — La Société se prêtera, autant que son intérêt le permettra, aux combinaisons qui seraient conseillées par les comités, ou proposées par les préfets ou par le gouvernement, en vue de l'amélioration des races et de la propagation des bonnes méthodes d'allaitement, d'élevage, d'engraissement et d'hygiène.

Nota. Les noms des premiers souscripteurs, fondateurs de la Société, seront publiés à la suite des statuts de la Société.

Paris. — Imprimerie de L. Martinet, rue Mignon, 2.

9 782329 284996